W0269115

Sitzungsberichte der Heidelberger Akademie der Wissenschaften

Mathematisch-naturwissenschaftliche Klasse

Die Jahrgänge bis 1921 einschließlich erschienen im Verlag von Carl Winter, Universitäts-buchhandlung in Heidelberg, die Jahrgänge 1922—1933 im Verlag Walter de Gruyter & Co. in Berlin, die Jahrgänge 1934—1944 bei der Weiß'schen Universitätsbuchhandlung in Heidelberg. 1945, 1946 und 1947 sind keine Sitzungsberichte erschienen.

Ab Jahrgang 1948 erscheinen die „Sitzungsberichte" im Springer-Verlag.

Inhalt des Jahrgangs 1949:

1. H. MAASS. Automorphe Funktionen und indefinite quadratische Formen. DM 3.60.
2. O. H. ERDMANNSDÖRFFER. Über Fasergranite und Böllsteiner Gneis. DM 1.20.
3. K. H. SCHUBERT. Die eindeutige Zerlegbarkeit eines Knotens in Primknoten. DM 2.80.
4. K. HOLLDACK. Grenzen der Herzauskultation. DM 4.20.
5. K. FREUDENBERG. Die Bildung ligninähnlicher Stoffe unter physiologischen Bedingungen. DM 1.—.
6. W. TROLL und H. WEBER. Morphologische und anatomische Studien an höheren Pflanzen. DM 7.80.
7. W. DOERR. Pathologische Anatomie der Glykolvergiftung und des Alloxandiabetes. DM 9.80.
8. W. THRELFALL. Knotengruppe und Homologieinvarianten. DM 1.50.
9. F. OEHLKERS. Mutationsauslösung durch Chemikalien. DM 3.80.
10. E. SPERNER. Beziehungen zwischen geometrischer und algebraischer Anordnung. DM 3.—.
11. F. HELLER. Ursus (Plionarctos) stehlini Kretzoi. DM 4.80.
12. W. RAUH. Klimatologie und Vegetationsverhältnisse der Athos-Halbinsel und der ostägäischen Inseln Lemnos, Evstratios, Mytiline und Chios. DM 10.50.
13. Y. REENPÄÄ. Die Schwellenregeln in der Sinnesphysiologie und das psychophysische Problem. DM 1.60.

Inhalt des Jahrgangs 1950:

1. W. TROLL und W. RAUH. Das Erstarkungswachstum krautiger Dikotylen, mit besonderer Berücksichtigung der primären Verdickungsvorgänge. DM 13.40.
2. A. MITTASCH. Friedrich Nietzsches Naturbeflissenheit. DM 8.80.
3. W. BOTHE. Theorie des Doppellinsen-β-Spektrometers. DM 1.90.
4. W. GRAEUB. Die semilinearen Abbildungen. DM 7.20.
5. H. STEINWEDEL. Zur Strahlungsrückwirkung in der klassischen Mesonentheorie. — Die klassische Mesondynamik als Fernwirkungstheorie. DM 1.80.
6. B. HACCIUS. Weitere Untersuchungen zum Verständnis der zerstreuten Blattstellungen bei den Dikotylen. DM 6.20.
7. Y. REENPÄÄ. Die Dualität des Verstandes. DM 6.80.
8. PETERSSON. Konstruktion der Modulformen und der zu gewissen Grenzkreisgruppen gehörigen automorphen Formen von positiver reeller Dimension und die vollständige Bestimmung ihrer Fourierkoeffizienten. DM 9.80.

Sitzungsberichte
der Heidelberger Akademie der Wissenschaften

Mathematisch-naturwissenschaftliche Klasse

Jahrgang 1966, 1. Abhandlung

Zur Kenntnis der *Hydrostachyaceae*

1. Teil

Blütenmorphologische und embryologische Untersuchungen an Hydrostachyaceen unter besonderer Berücksichtigung ihrer systematischen Stellung

von

Werner Rauh und Irmgard Jäger-Zürn

Institut für Systematische Botanik der Universität Heidelberg

mit 31 Textabbildungen und 5 Tabellen

(vorgelegt in der Sitzung am 10. Juli 1965)

Springer-Verlag Berlin Heidelberg GmbH 1966

ISBN 978-3-540-03661-6   ISBN 978-3-662-30462-4 (eBook)
DOI 10.1007/978-3-662-30462-4

Titel-Nr. 6718

Zur Kenntnis der *Hydrostachyaceae*

I. Teil

Blütenmorphologische und embryologische Untersuchungen an Hydrostachyaceen unter besonderer Berücksichtigung ihrer systematischen Stellung

Von

Werner Rauh und Irmgard Jäger-Zürn

Institut für Systematische Botanik der Universität Heidelberg

Mit 31 Textabbildungen und 5 Tabellen

Inhalt

Vorwort

Madagaskar, in biologischer, sowohl botanischer als auch zoologischer Hinsicht, eine der interessantesten Gebiete der Alten Welt, birgt so viele merkwürdige und auffallende Lebensformen, daß die Insel von den Biologen mit Recht als ein eigener Kontinent bezeichnet wird.

Zu den bemerkenswertesten Pflanzen Madagaskars gehört unter anderem auch die kleine Familie der Hydrostachyaceen mit der

einzigen Gattung *Hydrostachys*. Von ihren rund 25 bis 30 bis heute
bekannten Arten sind allein 18, also die Mehrzahl, in Madagaskar
beheimatet, die restlichen sind im tropischen und extratropischen
südlichen Afrika zerstreut verbreitet (Abb. 1). Während die madagassischen Arten sich durch eine erhebliche Mannigfaltigkeit hin-

Abb. 1. Verbreitungsgebiet der Gattung *Hydrostachys*: Afrika und Madagaskar (nach
Fundortangaben aus der Literatur)

sichtlich der Ausgestaltung der vegetativen Organe auszeichnen,
bilden die afrikanischen Arten eine recht einförmige Gruppe. Wir
gehen wohl nicht fehl, Madagaskar als das Entwicklungszentrum
dieser merkwürdigen Pflanzenfamilie anzunehmen. Über sie liegen
bisher nur wenige Untersuchungen vor und deshalb sind auch viele
Fragen gänzlich ungeklärt: So stehen vergleichende morphologische
Untersuchungen über die Wuchsformen noch völlig aus; auch
Blütenentwicklung und Embryogenese sind recht lückenhaft be-

kannt, worin die noch unsichere systematische Stellung der Familie ihre Erklärung findet.

Auf seinen Studienreisen nach Madagaskar (1959, 1961, 1963) hatte Rauh Gelegenheit, viele der madagassischen *Hydrostachys*-Arten am natürlichen Standort zu beobachten und konnte auch entsprechendes Material für morphologische, anatomische und embryologische Untersuchungen sammeln.

In einer ersten Arbeit soll zunächst über die Blütenmorphologie, Embryogenese und die sich daraus ergebenden Folgerungen für die systematische Stellung dieser Familie berichtet werden; eine weitere, in Vorbereitung befindliche Arbeit hat die Morphologie und Anatomie der Vegetationsorgane zum Inhalt.

Es ist uns an dieser Stelle eine angenehme Pflicht, der Heidelberger Akademie der Wissenschaften unseren ergebensten Dank abzustatten, welche durch finanzielle Unterstützung die Durchführung der Reisen ermöglicht hat.

Dank gebührt ferner den Herren Prof. Dr. A. Seybold, Heidelberg, für seine wohlwollende Förderung der Reisen, Prof. Dr. A. Aubréville, Directeur du Muséum d'Histoire Naturelle, Laboratoire de Phanérogamie, Paris, für die leihweise Überlassung des Herbarmaterials; ferner Prof. Dr. G. Erdtman, Stockholm, für die Bereitstellung seiner noch unveröffentlichten Ergebnisse über die Pollenmorphologie von *Hydrostachys*; Dozent Dr. F. Starmühlner für die Überlassung hydrobiologischer Daten von *Hydrostachys*-Standorten.

Wir haben weiterhin zu danken den Herren Dr. K. Senghas, Heidelberg, Dr. D. Fürnkranz, Wien, Frau R. Wunderlich, Wien, für Hinweise und Hilfe bei der Literaturbeschaffung; Frl. cand. rer. nat. M. Thieme für die Übersetzung russischer Literatur, Frl. D. Burkert für die Anfertigung der zahlreichen Schnittserien und Frl. I. Gegusch für zeichnerische, Frl. A. Buhtz für photographische Unterstützung.

Das Untersuchungsmaterial wurde von Rauh an Ort und Stelle teils in FPA, teils in einem Fixiergemisch nach Karpetschenko (1927) fixiert.

Für unsere embryologischen Untersuchungen standen folgende Arten zur Verfügung:

H. distichophylla A. Juss.; *H. goudotiana* Tul.; *H. hildebrandtii* Engl.; *H. imbricata* A. Juss.; *H. longifida* H. Perr., *H. longipoda* H. Perr.; *H. stolonifera* Bak.; *H. verruculosa* A. Juss.

Von sämtlichen genannten Arten liegt auch Herbarmaterial von Rauh mit genauen Standortsangaben im Herbarium des Instituts für Systematische Botanik der Universität Heidelberg vor.

Die Präparation erfolgte nach der üblichen Methode der Paraffin-Schneidetechnik; die Schnittdicke betrug zwischen 7 und 10 μ; als brauchbare Färbung erwies sich Fast-Green-Safranin nach Johansen (1940). Die mikroskopischen Aufnahmen wurden mit den Forschungsmikroskopen der Firma Nachet und Wild, alle Zeichnungen mit den Zeichengeräten der Firma Zeiss („Zeiss-Winkel") und Nachet hergestellt.

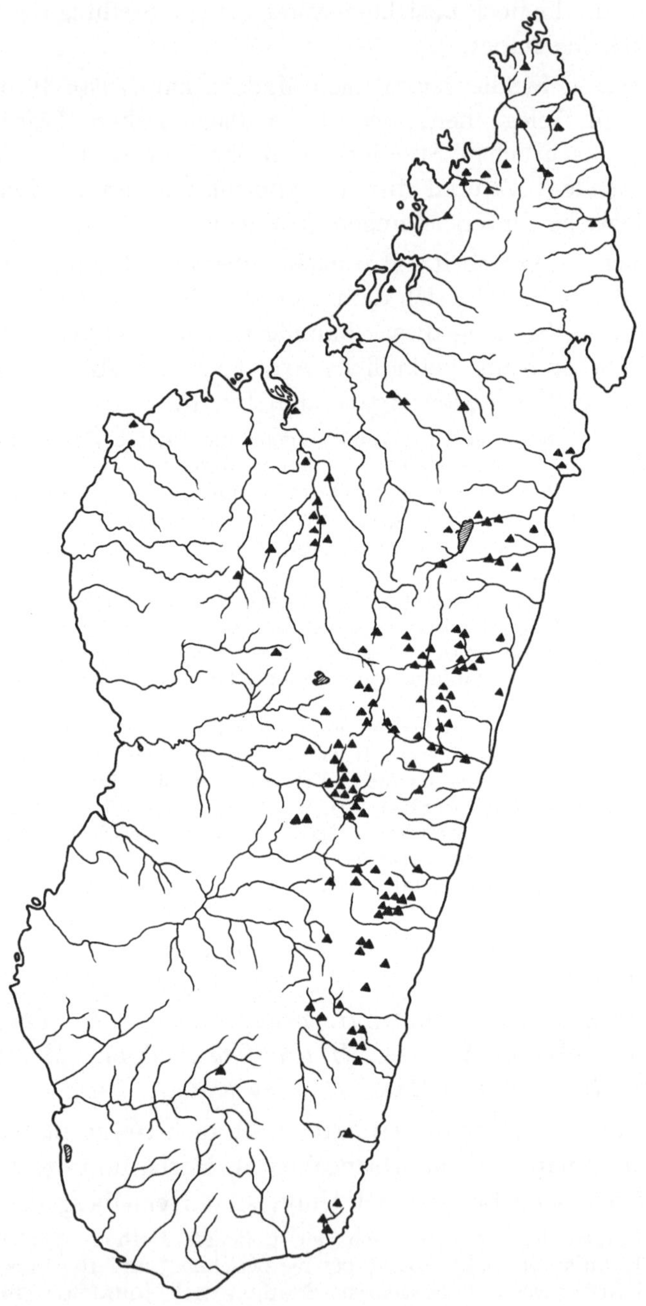

Abb. 2. Geographische Verbreitung der 18 in Madagaskar heimischen *Hydrostachys*-Arten (nach Fundortsangaben von PERRIER DE LA BATHIE, W. RAUH und F. STARMÜHLNER)

I. Einleitung

Die erste Arbeit, die sich seit der Aufstellung der Gattung *Hydrostachys* THOU. (1806) eingehender mit der Morphologie und Anatomie von zunächst nur einer Art, *Hydrostachys imbricata* beschäftigt, stammt von WARMING (1891 a). Erst zwanzig Jahre später wurden die Morphologie und Anatomie der vegetativen Organe einer weiteren Art, der afrikanischen *H. natalensis*, beschrieben (SCHLOSS, 1913) und kurz danach für *H. imbricata* und *H. sp.* einige embryologische Befunde mitgeteilt (PALM, 1915). Seither ist nichts mehr über Bau und Entwicklung weder der vegetativen noch der fertilen Organe von *Hydrostachys* bekannt geworden.

Im Gegensatz zu den spärlichen Untersuchungsergebnissen steht die relative große Anzahl von Theorien über die systematische Stellung der Familie. Seit WARMING (1888, 1891 a, b), der die Abtrennung der Hydrostachyaceen von den Podostemaceen[1] vornahm (1891 b), wird die Ansicht vertreten, daß die Podostemaceen und Hydrostachyaceen mit den Saxifragaceen verwandt und der Reihe der *Rosales* einzuordnen sind. Dieser Auffassung schließen sich auch ENGLER (1901, 1903), RENDLE (1925) und JOHNSON (1931), besonders aber MAURITZON (1933, 1939) an; letzterer weist zudem auf eine engere Verwandtschaft mit den Crassulaceen hin, welche nach ihm als Bindeglied zwischen den Saxifragaceen einerseits und den Podostemaceen und Hydrostachyaceen andererseits anzusehen sind. WETTSTEIN (1935), SKOTTSBERG (1940), GROSSHEIM (1945), GUNDERSON (1950), SOÓ (1953), NOVÁK (1954), CRONQUIST (1957), VINOGRADOV (1958), HUTCHINSON (1959), EMBERGER (1960) und ECKARDT (1964) leiten die Hydrostachyaceen von den *Rosales* ab. ENGLER (1930) hingegen gibt als erster die Ansicht von der Verwandtschaft der Hydrostachyaceen mit den *Rosales* auf, trennt die Hydrostachyaceen von den Podostemaceen ab und ordnet sie als eigene Reihe *Hydrostachyales* in die Monochlamydeen (in seiner Fassung) ein, und zwar zwischen *Piperales* und *Salicales*, „ohne mit einer dieser Reihen näher verwandt zu sein" (1930, S. 1, s. auch 1936). Dieser Auffassung stimmen auch JANCHEN (1932), PULLE (1937, 1952) und LEONHARDT (1951) zu; letzterer hält außerdem eine Verwandtschaft zwischen *Piperales* und *Hydrostachyales* für möglich.

Eine andere Gruppe von Forschern, vor allem PALM (1915), versucht, die Hydrostachyaceen bei den *Polycarpicae* (im Sinne WETT-

---

[1] Bezüglich der Nomenklatur s. SPRAGUE (1933).

STEINs) unterzubringen. Ähnlich äußert sich auch HALLIER (1901, 1903, 1905, 1908), der die Hydrostachyaceen entweder zu den *Ranales* oder zu den *Sarraceniales* stellen möchte. Außerdem findet er verwandtschaftliche Beziehungen zwischen Podostemaceen (incl. *Hydrostachys*) und Umbellifloren. Von ähnlichen Vorstellungen geht auch HUTCHINSON (1959) aus, der die Podostemaceen und Hydrostachyaceen von Sarraceniaceen und Saxifragaceen ableitet, von denen nach seiner Auffassung auch die *Umbellales* abstammen. HEINTZE (1927) schließlich betrachtet die Hydrostachyaceen als Glieder der Reihe der *Oxalidales*.

Wie diese Übersicht zeigt, herrscht über die Stellung der Podostemaceen und der Hydrostachyaceen durchaus keine Klarheit, und die Feststellung GOEBELs (1882, S. 536), daß die Podostemaceen (incl. *Hydrostachys*) eine Familie unbekannter und zweifelhafter Verwandtschaft sei, hat auch heute, nach über 80 Jahren, noch genauso ihre Gültigkeit.

Um nun in systematischen Fragen sich nicht nur in reinen Spekulationen zu verlieren, war es dringend erforderlich, die Hydrostachyaceen auf alle systematisch bedeutsamen Merkmale hin zu untersuchen. Infolge weitgehender Reduktion im floralen Bereich können allein aus der Kenntnis der Blütenmerkmale kaum Rückschlüsse über die Verwandtschaft der Familie gezogen werden. Es ist deshalb nötig, auch das „embryologische Diagramm" (SCHNARF, 1933) in verstärktem Maße zur Klärung systematischer Fragen mit heranzuziehen. Embryologische Untersuchungen sind um so notwendiger, als gerade die Podostemaceen recht abweichende und charakteristische Vorgänge in ihrer Gametophytenentwicklung aufweisen, die — soweit bekannt — für die Vertreter aller Gattungen dieser Familie typisch sind. Auf Grund dieser Tatsachen war anzunehmen, daß das Studium der Embryogenese auch der Hydrostachyaceen wesentlich mehr Klarheit einmal über die verwandtschaftlichen Beziehungen zwischen diesen und den Podostemaceen, andererseits über die systematische Gruppierung der Hydrostachyaceen erbringen würde.

Die vorliegende Arbeit beschäftigt sich deshalb vor allem mit der Embryologie und Embryogenese von *Hydrostachys*. Ergänzend werden organographische Befunde aus dem floralen Bereich sowie über die Anatomie und Morphologie der gesamten floralen Region mitgeteilt. Auf Grund aller dieser Ergebnisse war es sodann möglich, die Verwandtschaft der Hydrostachyaceen mit den Podostemaceen und auch die systematische Stellung der Hydrostachyaceen weitgehend zu klären.

II. Allgemeine Bemerkungen über Lebensweise und Habitus der Hydrostachyaceen

Der Lebensraum der Hydrostachyaceen[2] sind Stromschnellen und Wasserfälle reißender Flüsse, in denen sie, an Steine angeheftet, vom Wasser überspült werden (Abb. 3, *I*, *II*; Abb. 4, *I*; Abb. 5; Abb. 6, *II*). Während der Regenzeit leben sie völlig submers, und erst im Verlauf der Trockenzeit, wenn das Wasser in den Flüssen zu sinken beginnt, tauchen ihre Vegetationsorgane aus dem Wasser auf; in dieser Zeit werden die Infloreszenzen entfaltet. Nur wenige Arten (z.B. *H. distichophylla* und *H. verruculosa*) leben nach Beobachtungen von Rauh an manchen Standorten ständig submers. Sie gelangen dann auch nicht zur Blüte, sondern vermehren sich ausschließlich auf vegetativem Wege durch die Bildung von Wurzelsprossen; *H. goudotiana* siedelt sich gern in Buchten mit langsam fließendem Wasser an (Abb. 5).

In Madagaskar sind die *Hydrostachys*-Arten in ihrer Verbreitung im wesentlichen auf die Gebirgsbäche des zentralen Hochlandes, in Höhenlagen zwischen 800 und 2000 m konzentriert (Abb. 2, Abb. 3). Sie wachsen jedoch nicht nur in kleinen Bächen, sondern auch in großen Flüssen, wie beispielsweise im Betsiboka, südöstlich Majunga, einem der größten, Madagaskar nach Westen entwässernden Flüsse (Abb. 4, *I*). Die Strömungsgeschwindigkeit der meisten dieser Bäche und Flüsse beträgt nach Untersuchungen von Starmühlner während der Trockenzeit 50—100 cm/sec; zur Zeit des Hochwassers ist sie wohl höher[3]. Die Wassertemperatur schwankt je nach Jahreszeit und Höhenlage zwischen 10 und 21° C. Während der Trockenzeit sinkt der Wasserspiegel stark ab, und die Wassertiefe beträgt durchschnittlich zwischen 50 und 100 cm. Der Bachgrund ist sandig und kiesig, mit größeren und kleineren Felsbrocken bedeckt. Häufig sind Strecken kleinerer Kaskaden und größerer Wasserfälle eingeschaltet. Diese vom Wasser umspülten Felspartien sind dann die bevorzugten Standorte der Hydrostachya-

---

[2] Siehe Engler (1895, 1901), Perrier de la Bathie (1929, 1952), Reimers (1932, 1934), Haumann (1946, 1948), Hess (1953).

[3] Alle in dieser Arbeit erwähnten hydrobiologischen Meßdaten wurden von der Österreichischen Madagaskar-Expedition von Juli bis Anfang September 1958 unter der Leitung von Dozent Dr. F. Starmühlner, Wien, gewonnen.

ceen, die in Madagaskar nicht selten mit Podostemaceen vergesell-
schaftet auftreten.

Abb. 3. Gebirgsbäche des Hochlands von Zentralmadagaskar zwischen Antsirabé und
Ambositra (*I*) und bei Ranomafana/Prov. Fianarantsoa (Chute de Namorona) (*II*) mit
Hydrostachys-Populationen, phot. RAUH

Während der winterlichen Trockenzeit beginnt das Wasser in den Flüssen zu sinken, und die Pflanzen treten in die reproduktive

Abb. 4. *I Hydrostachys*-Vegetation im Betsiboka-Fluß (W-Madagaskar); *II Hydrostachys imbricata*, blühende Pflanze aus dem Namorona-Fluß bei Ranomafana/Prov. Fianarantsoa, phot. RAUH

Phase ein; sie strecken ihre bereits submers vollständig entwickelten ährigen Infloreszenzen aus dem Wasser heraus, blühen und fruchten (Abb. 7).

Abb. 5. *Hydrostachys goudotiana*, auf Steinen angeheftet, in einem mäßig strömenden Bach bei Manakara/Prov. Fianarantsoa, phot. Rauh

Die Lebensweise der Hydrostachyaceen wirft die Frage auf, ob sie als echte Wasser- oder als amphibische Pflanzen, die eine Umstimmung erfahren können, zu bezeichnen sind. Für die Blätter, die absterben, sobald sie nicht mehr vom Sprühwasser benetzt

I

II

Abb. 6. *I Hydrostachys goudotiana* aus dem Betsiboka-Fluß bei der großen Brücke der Straße Majunga—Tananarive/W-Madagaskar; *II Hydrostachys hildebrandtii* (weibliche Pflanze) aus einem Seitenfluß des Namorona bei Ranomafana/Prov. Fianarantsoa, phot. Rauh

werden, ist ersteres zu verneinen. Die amphibische Lebensweise trifft höchstens für einen Teil der Pflanze zu, nämlich für die Infloreszenzen, die sich anfänglich unter Wasser befinden, dann

Abb. 7. *Hydrostachys hildebrandtii* (weibliche blühende Pflanze) im Mananjary-Fluß, östlich von Ranomafana/Prov. Fianarantsoa, phot. Rauh.

aber über die Wasseroberfläche erheben. Wieweit andere Organe, insbesondere die Wurzeln, eine befristete Austrocknung ertragen können, ist unbekannt. Legt man losgelöste Pflanzen in die Sonne, so vertrocknen sie schon nach kürzester Zeit. Alle diese Fragen wird man wohl erst genau beantworten können, wenn auch die

Hydrostachyaceen, ähnlich wie kürzlich einige Podostemaceen (PANNIER, 1960; GESSNER und HAMMER, 1962) von physiologisch-ökologischer Seite her untersucht werden.

Ein ebenfalls noch ungelöstes Problem ist die Bevorzugung der Schnellen und Wasserfälle als Standorte. Für die Podostemaceen des Caroni, eines venezolanischen Schwarzwasserflusses, wurde vor kurzem von PANNIER (1960) nachgewiesen, daß sie nicht in der Lage sind, das im Wasser — zwar nur spärlich — vorhandene Bikarbonat für die Assimilation auszunützen, sondern auf das gelöste CO_2 angewiesen sind. Der CO_2-Gehalt ist aber in der Sprühzone der Kaskaden am größten. Das gleiche gilt für den Sauerstoffgehalt des Wassers, der überdies in den warmen Flüssen (28° C) niedrig ist (GESSNER und HAMMER, 1962). Aus ihren Untersuchungen wird geschlossen, daß die Podostemaceen dieser electrolytarmen Flüsse an die Gischtzonen der Stromschnellen als Orte höchster O_2- und CO_2-Konzentrationen gebunden sind.

Inwieweit ähnliche physiologische Verhaltensweisen für die ökologischen Ansprüche der Hydrostachyaceen ausschlaggebend sind, ist derzeit noch unbekannt. Immerhin haben die kälteren Flüsse in Madagaskar, die bevorzugten Standorte der Hydrostachyaceen, höhere Sauerstoffkonzentrationen. So betrug nach Untersuchungen von STARMÜHLNER (unveröffentlicht) der Sauerstoffgehalt in zwei Bächen des Hochlandes von Zentralmadagaskar, dem Amborampotsy und dem Tavolotara, in denen *H. stolonifera* und *H. imbricata* wachsen, 5,4 bzw. 8,5 mg/l. Die Alkalinität dieser Urgesteinsbäche ist mit 0,4 bzw. 0,5 sehr niedrig. Da die Wasserreaktion bei pH 6 liegt, kommt allerdings zu dem Bikarbonatgehalt noch ein weiterer Betrag an freiem CO_2 im Wasser dazu.

Nach RUTTNER (1952) genügen den Bewohnern schnell fließender, zumal kühlerer Gewässer die niedrigen Gaskonzentrationen des sprudelnden Wassers, die dem jeweiligen Sättigungsgleichgewicht mit der Luft entsprechen. Denn hier ist der Gasaustausch durch das Wegfallen gasgesättigter Höfe um die Pflanze physiologisch recht günstig. Die niedrigen O_2-, CO_2- und Bikarbonat-Gehalte wirken sich demnach im fließenden Wasser nicht unbedingt nachteilig aus. Dadurch erscheint eine Beschränkung der Hydrostachyaceen auf die Kaskaden und Wasserfälle als Orte der stärksten Luftdurchmischung des Wassers nicht als zwingend und notwendig.

Vielleicht sind auch gänzlich andere Gründe für die Bevorzugung der Stromschnellen als Standorte maßgebend: Die Wuchsform weist

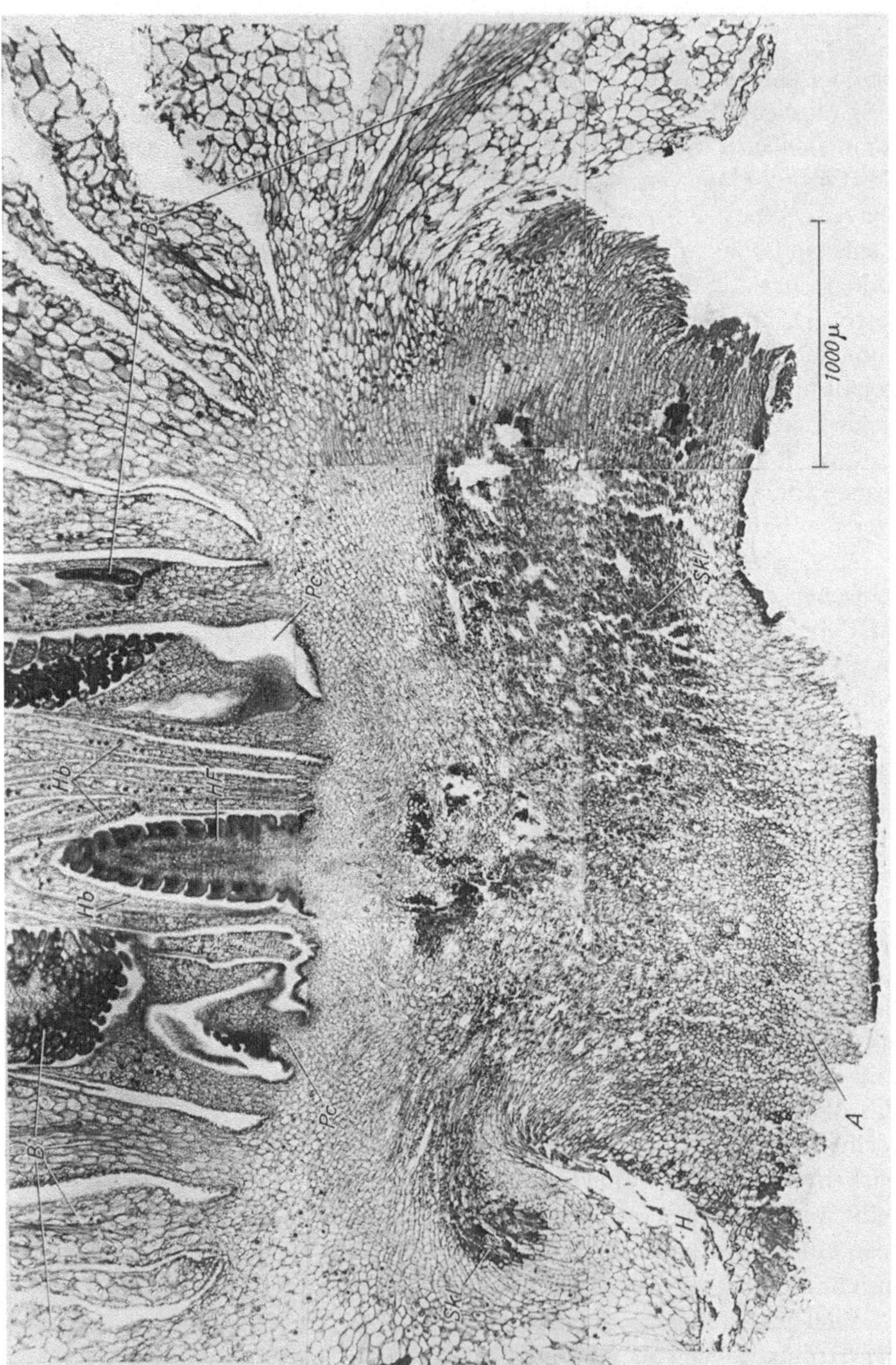

Abb. 8. Längsschnitt durch eine Rosette von *Hydrostachys goudotiana*. Die mit einer jungen Floreszenz (*HF*) abschließende Hauptachse (*A*) median getroffen, die beiden Bereicherungstriebe (*Pc*) seitlich angeschnitten. *Bl* Laubblatt, *Hb* Hochblatt, *Skl* Sklereiden, *H* Hohlraum, der durch eine im Schnitt nicht getroffene sproßbürtige Wurzel entstanden ist

auf eine weitere Erklärungsmöglichkeit in dieser Frage hin (s. unten). Da die Hydrostachyaceen kein Primärwurzelsystem ausbilden, sondern eine Haftscheibe mit sproßbürtigen Wurzeln, vermögen sie nur auf den Felsbrocken im strömenden Wasser Fuß zu fassen, nicht aber im sandig-kiesigen Untergrund, zumal dieser in rasch fließenden Gewässern in ständiger Bewegung begriffen ist. Die Gesteinsbrocken stellen demgegenüber geradezu „sichere Inseln" dar, auf denen allein sich die Pflanze entwickeln kann. Dadurch erscheinen die Hydrostachyaceen in ökologischer Hinsicht als „erstarrte Spezialisten", worauf auch ihre sonstige merkmalsmäßige Isolierung hinweist.

III. Wuchsform und Bau der Infloreszenzen

Auf den Bau der vegetativen Organe soll in der vorliegenden Arbeit nur mit wenigen Worten eingegangen werden, da diese, wie erwähnt, Gegenstand eines zweiten Teiles dieser Untersuchungsreihe sind.

Wuchsform. Alle untersuchten *Hydrostachys*-Arten sind Ganzrosettenpflanzen (Abb. 6, *I, II*; Abb. 8; Abb. 9) von begrenztem Wachstum: Sämtliche Internodien der kurzen Sproßachse sind gestaucht und alle Blätter daher grundständig. Da die Achse neben der Internodienstauchung ein starkes primäres Dickenwachstum aufweist (Abb. 8), nimmt sie die Gestalt einer flachen Scheibe an, die mehrere Zentimeter breit werden und deren Durchmesser ihre Länge um das Doppelte bis Mehrfache übertreffen kann. Basal schließt die Achsenscheibe mit einer ebenen, sich dem Substrat anschmiegenden Haftfläche ab (Abb. 8). Dadurch vermag sich die Pflanze dem felsigen Untergrund, dem sie aufsitzt, dicht anzupressen. An die Stelle der Hauptwurzel tritt eine große Anzahl sproßbürtiger Wurzeln (Abb. 9), die gleichfalls der Oberfläche des Substrates dicht angepreßt sind, sich jeder Unebenheit der Felsen anschmiegen und damit der Pflanze weiteren Halt geben. Zudem stehen die Wurzeln im Dienste der vegetativen Vermehrung.

Der Vegetationskegel der Rosette ist leicht erhaben bis flach und gliedert eine große Anzahl von Laubblättern aus, die bei *H. goudotiana, H. distichophylla, H. verruculosa* und *H. hildebrandtii* in einer Divergenz von 3/8 angeordnet sind.

Bau der vegetativen Organe

1. Blatt. Die meist recht großen, im Wasser flutenden, ein- bis mehrfach gefiederten Laubblätter (Abb. 6, *I, II*) der untersuchten

Hydrostachys-Arten haben die typische Gestalt von Wasserblättern (Abb. 4, *II*; Abb. 5; Abb. 6, *I*). Allerdings sind nur die Spreiten flexibel, ihre Stiele hingegen starr und dickfleischig. Sie tragen am Grunde eine häutige große Medianstipel (Abb. 10), welche die jungen

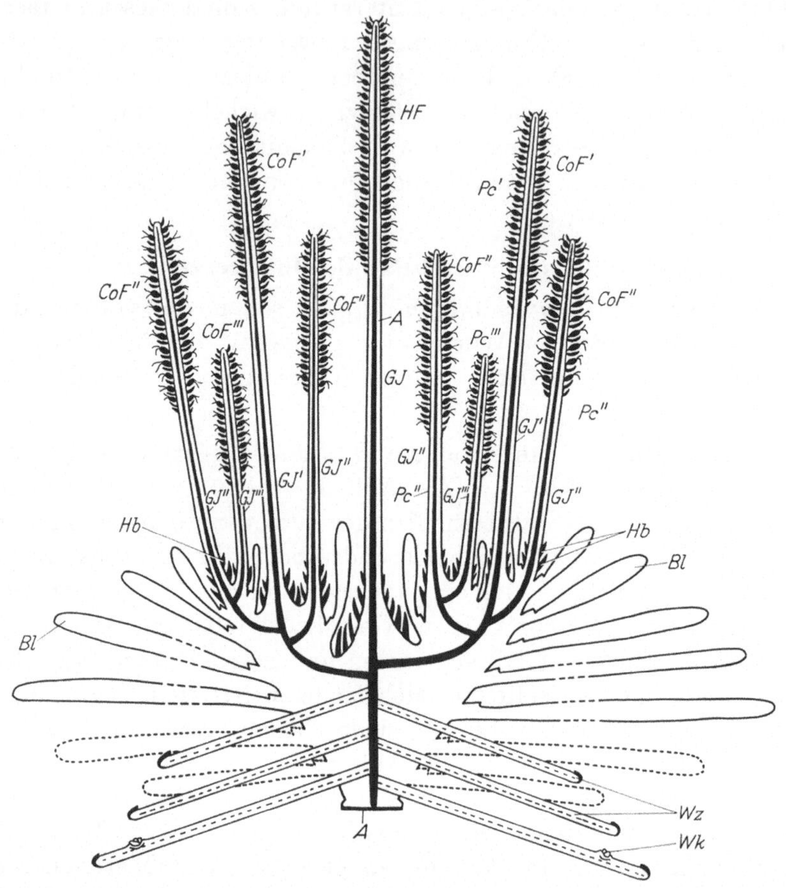

Abb. 9. Schematische Darstellung der Wuchsform von *Hydrostachys*, weibliche Pflanze. *A* Hauptachse, basal mit einer flachen Scheibe abschließend, *Wz* sproßbürtige Wurzeln mit Wurzelknospen *WK*, *Bl* Laubblatt, *Hb* Hochblätter, *HF* Hauptfloreszenz, *CoF′* bis *CoF‴* Cofloreszenzen der Parakladien (= Bereicherungstriebe) *Pc′* bis *Pc‴*. *GJ* bis *GJ‴* Grundinternodien der Hauptachse und der Parakladien

Knospen und Primordien umschließt und diese vor der reißenden Gewalt des strömenden Wassers schützt (s. auch Schloss, 1913; Fig. 1—3) (Abb. 7; Abb. 6, *I*, *II*).

Auf Grund der Ausbildung einer Medianstipel muß zumindest für den Stiel unifazialer Bau angenommen werden. Wieweit sich die Unifazialität in die Rhachis fortsetzt, insbesondere in den zy-

lindrischen radiären Blättern von *H. verruculosa* oder in den band-
förmigen Blättern von *H. distichophylla*, wurde in diesem Zusammenhang nicht untersucht. Möglicherweise handelt es sich hier um
gänzlich unifaziale Rhachisblätter. Die Bündelanordnung allerdings
gibt keinen Hinweis auf unifazialen Bau, da bei den untersuchten
Arten im Blattstiel stets nur ein offener Bogen kollateraler Bündel

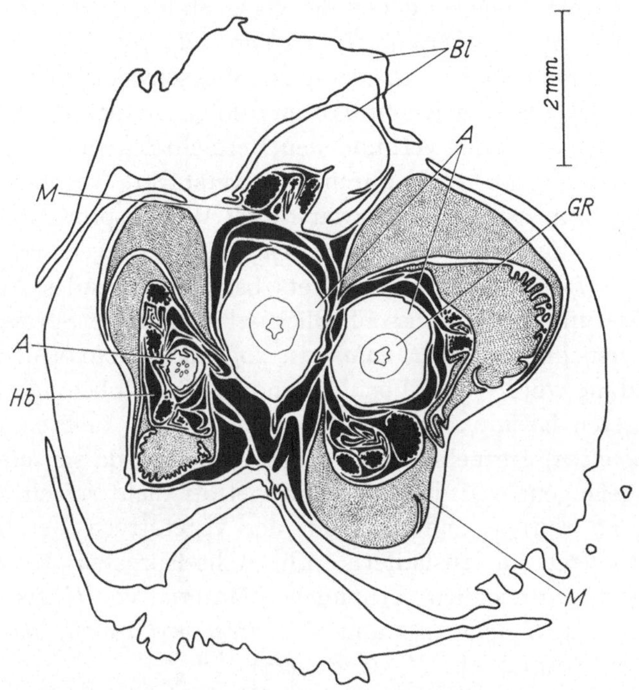

Abb. 10. Querschnitt durch das Sproßsystem eines blühenden Exemplares von *H. goudo-*
tiana. *A* Hauptachse und Parakladien (weiß), *GR* deren Gefäßbündelring, *Hb* Hochblatt,
Bl Laubblatt, *M* Medianstipel

nachzuweisen war. Dies ist zwar auch bei eindeutig unifazialen
Blattabschnitten mitunter der Fall (u.a. JÄGER, 1961).

Mit dem Eintritt in die florale Phase folgen auf die hochdifferen-
zierten Laubblätter Hochblätter von einfacherem Bau, die morphologisch nur dem Unterblatt entsprechen (Abb. 8; Abb. 9; Abb. 10).
Zuweilen treten ähnlich gestaltete Blattorgane auch in der Abfolge
der Laubblätter als Hemmungsformen auf, und zwar dann, wenn
für die Ausbildung eines normalen Laubblattes kein Platz in der
Rosette vorhanden ist (Abb. 10).

Gleich der Sproßachse und den Wurzeln sind auch die Blätter,
d.h. Blattstiel, Rhachis und Fiedern, dicht mit Emergenzen besetzt;

diese haben meist die Gestalt kleiner lanzettlicher Zipfel (Abb. 4, *II*; Abb. 6). Ihre Epidermis ist besonders gestaltet, worauf schon Schloss (1913) hingewiesen hat: Die chloroplastenhaltigen Zellen sind tonnenförmig nach außen vorgewölbt, wobei ihre Antiklinalwände meist nur zu einem Drittel miteinander verbunden sind. Die dadurch entstehende große freie Oberfläche läßt diese Zellpartien als die Orte erkennen, in denen der Gasaustausch vonstatten geht.

2. Vegetative Vermehrung, Wurzelsproßbildung. Die Hydrostachyaceen können den Verlust, der durch Wegschwemmen der Samen und vielleicht auch der Keimpflanzen infolge Bewegung der Geröllbrocken und der damit verbundenen Vernichtung einzelner Exemplare hervorgerufen wird, durch eine verstärkte vegetative Vermehrung kompensieren, und zwar durch Wurzelsproßbildung. Sie ist besonders ausgiebig bei *Hydrostachys goudotiana, H. verruculosa* und *H. longipoda,* wodurch ihr stets bestandsbildendes Auftreten eine Erklärung findet. Ausschließlich wurzelbürtige Sprosse lagen den Untersuchungen an *H. natalensis* zugrunde (Schloss). Wurzelsproßbildung wurde sowohl bei blühenden als auch bei nichtblühenden jüngeren Exemplaren beobachtet. Arten des tieferen Wassers (*H. verruculosa*) vermehren sich stark vegetativ, da sie selten zum Blühen gelangen, weil der Wasserspiegel oft nicht soweit absinkt.

Dagegen wurden andere Arten der vegetativen Vermehrung, Tochterrosetten an Ausläufern, d.h. Achselsprossen der Mutterpflanze, an dem reichlich vorhandenen Material von *H. goudotiana, H. verruculosa, H. imbricata* und *H. distichophylla* nicht beobachtet (Ausnahme vermutlich: *H. stononifera*).

Höchstwahrscheinlich spielen die Wurzeln für die Erneuerung und Erhaltung der Pflanze in der folgenden Vegetationsperiode eine wesentliche Rolle. Vermutlich können die Wurzeln auch kurzfristige Trockenperioden überdauern, um beim erneuten Ansteigen des Wasserstandes Wurzelsprosse zu bilden. Es ergeben sich hieraus die bislang ungeklärten Fragen, wie alt auf diese Weise entstandene Klone, wie alt ferner die Einzelpflanzen werden können und wie deren Entwicklungszyklus verläuft, wenn sie nicht jedes Jahr über die Niedrigwassergrenze emportauchen. Von *H. imbricata* beispielsweise konnten Pflanzen gesammelt werden, deren Rosettenachsen einen Durchmesser von 10 cm und mehr hatten. Es ist kaum anzunehmen, daß deren Bildung sich innerhalb eines Jahres vollzogen hat, wenngleich auch über die Schnelligkeit des Wachstums der Hydrostachyaceen keine Beobachtungen gemacht wurden. Es liegt vielmehr die Vermutung nahe, daß derart kräftige Exemplare ein Alter von mehreren Jahren haben, vielleicht einige Jahre hindurch submers und nur vegetativ gewachsen sind. Wovon in diesem Fall die Umstimmung zur fertilen Phase abhängt, ist noch unbekannt. Die Infloreszenzen werden, wie bereits erwähnt, zu einer Zeit angelegt, in der die Pflanze noch ausschließlich submers lebt. Alle diese offenen Fragen sind nur durch langjährige Beobachtungen am Standort zu klären. Als gesichert gilt allein, daß die einzelnen Rosetten hapaxanth sind und nach erfolgter Blüten- und Fruchtbildung absterben.

3. Bau der Infloreszenzen. Im vegetativen Zustand ist die Achse bei den genannten Arten stets unverzweigt; dies ändert sich mit Erlangung der Blühreife. Der Scheitel gliedert jetzt eine größere Anzahl schuppenförmiger Hochblätter aus (Abb. 10) und geht in der Ausbildung eines terminalen Blütenstandes auf, dessen fertiler, ähriger Abschnitt vom vegetativen Unterbau durch ein einziges, stark verlängertes Internodium, dem Grundinternodium, getrennt wird (Abb. 12, *I*; Abb. 13, *I*). Die obersten Blüten der Ähre sind gehemmt, und auch eine Endblüte fehlt.

Normalerweise erzeugt jedes Exemplar nach kräftiger vegetativer Erstarkung außer der terminalen Ähre noch zahlreiche weitere in den Achseln von Laubblättern stehende Ähren (Abb. 6, *I, II*). Da sie der Bereicherungszone angehören, stellen sie im Sinne Trolls (1961, 1962, 1964) Bereicherungssprosse, Parakladien, dar (Abb. 10, Abb. 11), welche das Verhalten des Primärsprosses wiederholen. An besonders kräftigen Exemplaren, insbesondere von *H. imbricata*, können Bereicherungstriebe 2., 3. und höherer Ordnungen auftreten, die alle in der Achsel von Laubblättern stehen und mit einer ährigen Infloreszenz abschließen. Infolge extremer Stauchung der Primärachse und der basalen Internodien der Bereicherungssprosse scheinen die Blütenstände selbst alle auf gleicher Höhe zu entspringen. Da die Blüten der Ährenspitze verkümmert sind, und auch eine Endblüte nicht ausgebildet wird, handelt es sich, worauf schon Troll (1964, S. 177) hingewiesen hat, um polytele Synfloreszenzen.

Die Bereicherungszone ist kurz und erstreckt sich bei *H. goudotiana* auf den Abschnitt der drei jüngsten Laubblätter, wogegen die folgenden Hochblätter steril bleiben. Die Synfloreszenz ist demnach durch basimesotone Förderung gekennzeichnet. Da bei dem genannten Beispiel 3/8 Divergenz herrscht, sind die in den Laubblatt-Achseln entspringenden Parakladien 1. Ordnung auf der Rosettenscheibe im Dreieck angeordnet (Abb. 10). Diese bilden ebenfalls einige Laubblätter und schließlich Hochblätter aus. Zu Parakladien 2. Ordnung wachsen in der Regel nur die abaxialen Achselknospen der Parakladien 1. Ordnung aus. Es wird dadurch oft der Eindruck erweckt, als stünden die Parakladien in Reihen (Abb. 6a). Das Diagramm einer blühenden Pflanze von *H. goudotiana* verdeutlicht am besten die rein racemöse Verzweigung (Abb. 11).

Abb. 11. Diagramm des in Abb. 10 dargestellten Querschnitts durch das Sproßsystem von *H. goudotiana*. Divergenz 3/8

IV. Bau der Blüten

Die Blütenstände sind bei den untersuchten Arten der Gattung *Hydrostachys* äußerst gleichförmig gestaltet. Sie sind langgestielte Ähren vom brakteosen Typ, deren Achsenende mit einer Anzahl steriler Tragblätter abschließt und keine Endblüte trägt (Abb. 13a). Die in zerstreuter Blattstellung stehenden schuppenförmigen Brakteen folgen dicht aufeinander; sie sind muschelförmig ausgebuchtet und umschließen die Blüte (Abb. 12).

Die Blüten der untersuchten *Hydrostachys*-Arten sind in ihrer Organisation ebenfalls einheitlich und weisen nur Unterschiede quantitativer Art auf, wie die verschiedene Ausgestaltung der Brakteen und die Länge und Färbung der Narben. Sie besitzen eine Reihe von Merkmalen, die als Reduktionserscheinungen und damit als abgeleitet gelten: Den ungestielten Blüten fehlt das

Perianth völlig. Die Seidenhaarbüschel, die in den Blüten der meisten Arten transversal zur Mediane des Tragblattes vorhanden sind (Abb. 13, *IV*; Abb. 14), wären vielleicht als Reste eines Perianths

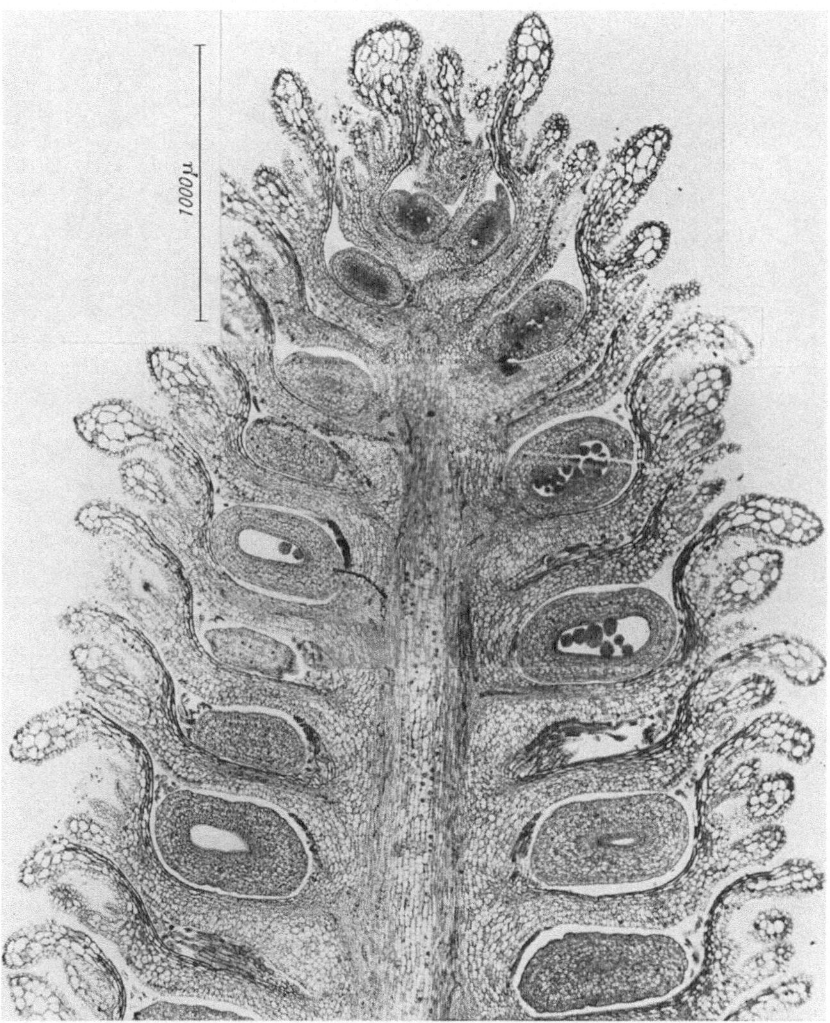

Abb. 12. Längsschnitt durch den oberen Abschnitt einer jungen weiblichen Ähre von *H. goudotiana*, die Pistille im Längsschnitt

zu deuten. Weitere abgeleitete Merkmale der Blüten sind ihre Eingeschlechtigkeit und Diözie sowie ihre Verarmung an fertilen Organen: Die männliche Blüte besteht nur aus einem einzigen Staubblatt (Abb. 14), die weibliche Blüte nur aus dem Pistill (Abb. 13, *II*;

Abb. 14), das einer kurzen gynophorartigen Zone aufsitzt (Abb. 16, *XIV*). Wie die Diagramme zeigen, sind die Blüten somit recht vereinfacht (Abb. 14). Die Bestäubung erfolgt durch den Wind, worauf auch die Apetalie und die Ausbildung ziemlich langer papil-

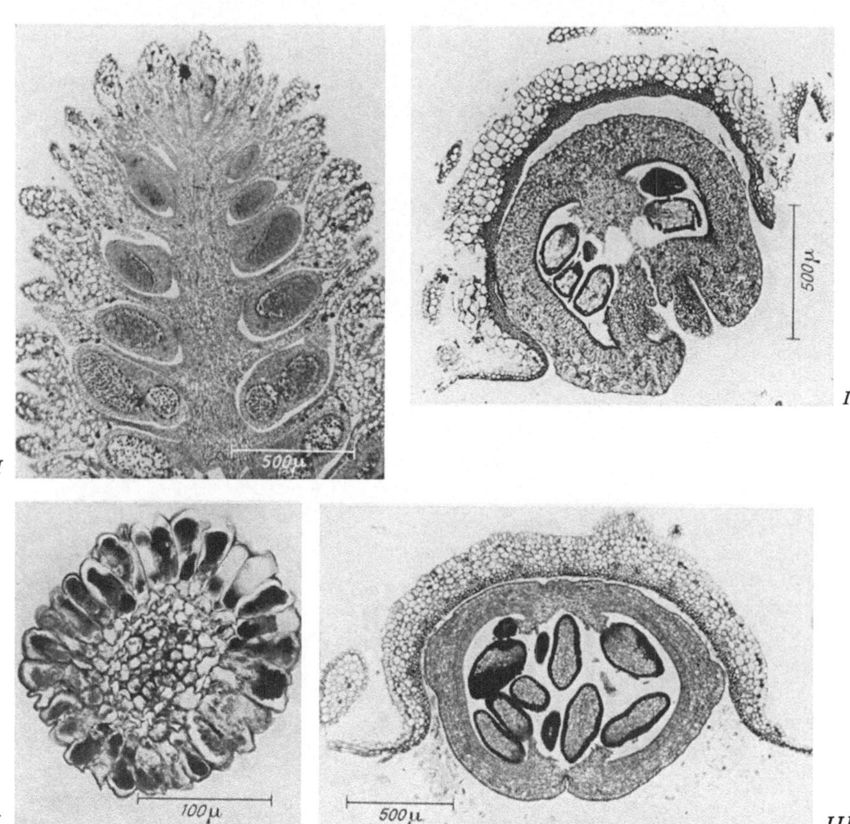

Abb. 13. *I* Längsschnitt durch eine männliche Blütenähre von *Hydrostachys goudotiana*: Das Achsenende ist offen (ohne Endblüte); *II* und *III* Querschnitte durch weibliche Blüten von *H. distichophylla* (*II*) und *H. goudotiana* (*III*); *IV* Querschnitt durch den Griffel von *H. goudotiana*

löser Narben hinweisen (Abb. 6, *II*; Abb. 7). Zwar gewinnen während der Anthese die männlichen Ähren durch die gelben Staubbeutel, die weiblichen Blütenstände durch die langen, fadenförmigen, abstehenden, meist lebhaft roten (*H. goudotiana*, *H. hildebrandtii*, *H. distichophylla*), seltener gelben (*H. imbricata*) Stylodien und die bei *H. imbricata* gelben, sonst dunkelgrünen bis rotbraunen Brakteen ein etwas lebhafteres Aussehen; jedoch wurde niemals Insektenbesuch beobachtet (s. HAUMANN, 1948, S. 28).

Die weibliche Blüte (Abb. 13, *II, III*) besteht nur aus dem zweikarpelligen Pistill, die beiden Fruchtblätter stehen transversal. Bereits makroskopisch ist der dorsiventrale Bau des Fruchtknotens zu erkennen: Die der Infloreszenzachse zugekehrte Seite ist flacher als die ausgebuchtete abaxiale Seite. Außerdem ist die Basis der Stylodien etwas gegen die adaxiale Seite hin verschoben (Abb. 13, *II*). Das coenokarpe Ovar gliedert sich in einen basalen synkarpen (Abb. 15, *X—IXII* und *XXI*) und einen darüber liegenden parakarpen Abschnitt (Abb. 15, *X* und *XX, XIX*). Die synkarpe oder synascidiate Zone (LEINFELLNER, 1950), die dem peltaten Bereich

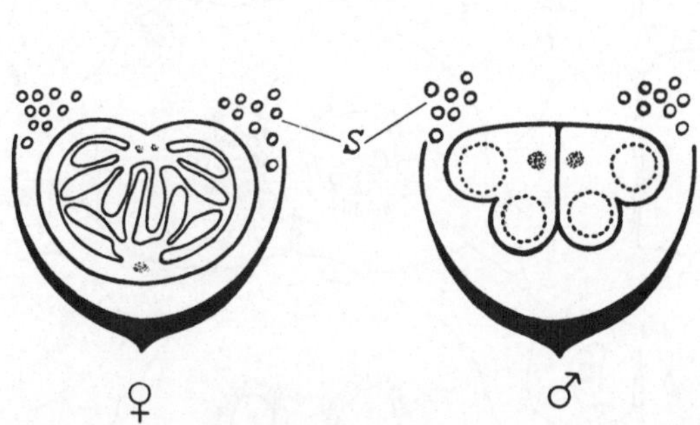

Abb. 14. Diagramme einer weiblichen und einer männlichen Blüte von *H. stolonifera*. S Seidenhaarbüschel

der Karpelle entspricht, ist sehr kurz, jedoch fertil, trägt aber nur ein bis zwei Samenanlagen. Darüber schließt sich der fast das ganze Ovar umfassende parakarpe Bereich mit den parietalen Plazenten an. Sie tragen zahlreiche mehr oder weniger pleuroskope, d.h. horizontal liegende Samenanlagen. Die Fruchtknotenwand mit Ausnahme der Plazenten und des den Ovarbereich umgebenden Palisadensklerenchyms speichert reichlich Stärke.

Auf der adaxialen Seite des Pistills sind die beiden Karpelle nur durch eine schmale Gewebepartie miteinander verwachsen (Abb. 16, *XI*), so daß im Gegensatz zur abaxialen Seite eine Furche über der Sutur vorhanden ist. Gegen die Spitze des Pistills zu vertieft sich dieser Einschnitt (Abb. 15, *XIX*); weiter oben tritt dann auch auf der abaxialen Seite des Fruchtknotens ein Einschnitt auf. Die Epidermen der beiden Karpelle sind hier im wesentlichen nur noch miteinander verzahnt (Abb. 15, *XVI—XVIII*). Schließlich trennen sie sich völlig voneinander (Abb. 15, *XV, VIII—IX*). Dabei gehen die seitlichen Randabschnitte je eines Karpells unterhalb

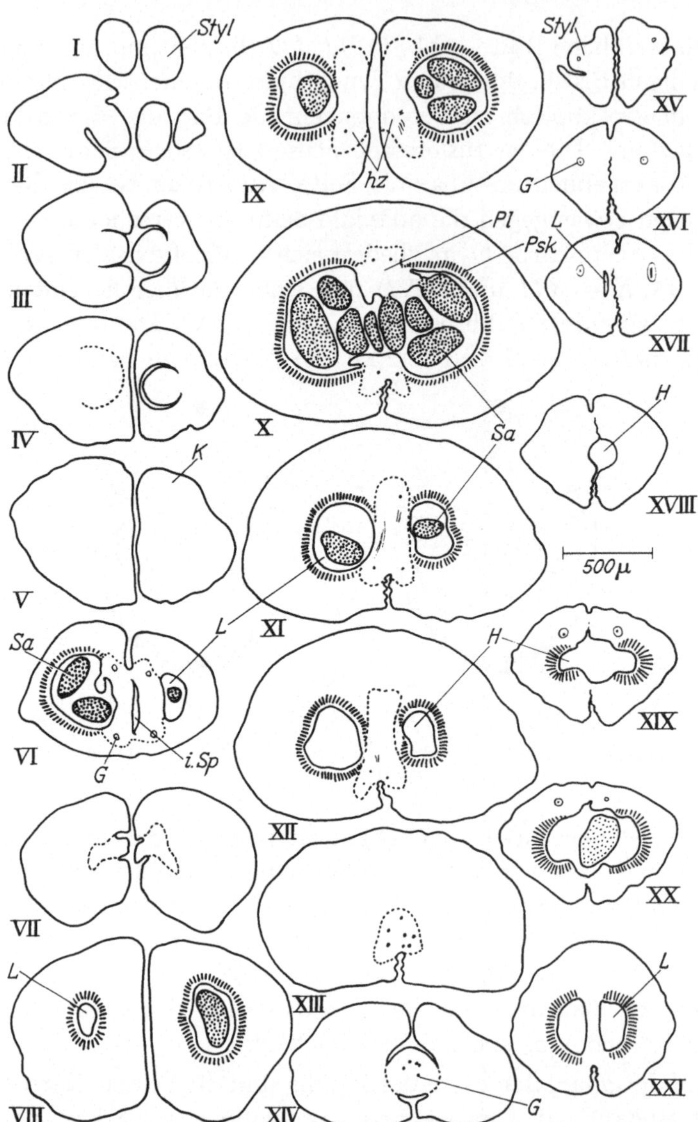

Abb. 15. Bau und Entwicklung des Pistills von *H. goudotiana* (*I—XIV*) und *H. distichophylla* (*XV—XXI*); *I—V* Querschnitte durch die Stylodien (*I*), Anheftungszone der anakrostylen Stylodien (*II—IV*) und apokarper Ovarbereich (*V*) eines jungen Pistills. *VI* Querschnitt durch ein fertiges Pistill in der Übergangszone zwischen apokarpem und parakarpem Bereich, eine interkarpelläre Spalte zeigend. *VII—XIV* Querschnittserie durch ein fertiges Pistill; *VII—IX* apokarper Bereich mit Stylodienbasis (*VII*); „homogene" Zone *VIII—IX*; *X* parakarper, *XI—XII* synkarper Bereich; *XIII—XIV* Basis des Pistills; *XV—XXI* Querschnittserie durch ein fertiges Pistill von *H. distichophylla*; *XV* apokarper Bereich mit Stylodienbasis; *XVI—XVIII* Übergang von apokarpem zu parakarpem Abschnitt, Karpelle teilweise nur miteinander verzahnt; *XVIII* Fehlen der „homogenen" Zone im apikalen Ovarbereich; *XIX—XX* parakarper, *XXI* synkarper Abschnitt. *G* Gefäßbündel; *H* Hohlraum; *hZ* homogene Zone; *K* Karpell; *L* Loculus; *Psk* Palisadensklerenchym; *Pl* Plazenta; *Sa* Samenanlage; *Styl* Stylodium, *i. Sp.* interkarpelläre Spalte. Die adaxiale Seite ist nach unten orientiert

der Griffelbasis in einem Bogen ineinander über (Abb. 15, *VIII* bis *IX*). Der darauffolgende kurze Bereich bildet eine Art Septum. Dieses ist in seinem basalen Teil mit dem entsprechenden Septum des anderen Karpells verzahnt, in seinem apikalen jedoch frei. Dieser Bereich wird nicht, wie zunächst zu erwarten, von einem plikaten Karpellabschnitt gebildet, da in diesem Fall die Ventralnaht sichtbar sein müßte; vielmehr ist diese Zone unterhalb der Griffelbasis vollkommen „homogen". Unmittelbar darüber liegt die Basis der langen fadenförmigen Stylodien (Abb. 15, *VII*). Sie sitzen anakrostyl (HARTL, 1962), d.h. unterhalb der Spitze dem Ovar an. Dies verdeutlichen noch etwas höher geführte Schnitte, welche die Rückenaussackung der hier apokarpen Karpelle zeigen (Abb. 15, *II—IV*).

Das Pistill von *Hydrostachys* gliedert sich also in drei aufeinanderfolgende Abschnitte: in eine basale synascidiate, eine darauffolgende parakarpe Zone, die einen Sonderfall des symplikaten Baues darstellt (LEINFELLNER, 1950), und einen apikalen apokarpen Bereich mit den Griffelbasen, sowie den Stylodien.

Die Innervierung des Gynoeceums ist recht einfach: In den kurzen, gynophorartigen Stiel tritt ein einziger, wohl komplexer, d.h. aus mehreren Einzelbündeln bestehender Gefäß-Strang ein (Abb. 15, *XIII—XIV*). An ihm kann man einige auf dem Querschnitt verstreut liegende Tracheen erkennen, das übrige Bündelgewebe besteht aus kleinzelligem Gewebe von procambialem Aussehen. Unterhalb der synkarpen Zone zerlegt sich das Bündel in der Mediane der Karpelle in zwei Gruppen, die sich nochmals und zwar senkrecht zur Mediane der Karpelle aufspalten. Es resultieren also vier Bündel, die zu den Plazenten hinziehen (Abb. 15, *X*). Auf der abaxialen Seite des Gynoeceums bleiben die beiden Plazentarbündel im unteren Teil oft in einem gemeinsamen Bündel vereinigt. Weitere Bündel, insbesondere einen Dorsalmedianus, besitzen die Fruchtblätter nicht. Die Plazentarbündel sind zudem schwach; sie bestehen meist nur aus einer Trachee und den dazugehörigen Belegzellen[4]. Stellenweise kann sogar die Ausdifferenzierung der Tracheen unterbrochen sein. Unterhalb der Griffelbasis streben die beiden Plazentarbündel je eines Karpells wieder aufeinander zu und vereinigen sich. Dieses Bündel tritt dann in den Griffel ein, den es seiner Länge nach, freilich meist nur als Prokambium, durchzieht.

---

[4] Der Ausdruck geht auf TROLL (1959, S. 264) zurück.

Der Griffel ist im Querschnitt kreisrund und seiner ganzen Länge nach massiv (Abb. 13, *IV* und 15, *I*). Die Epidermis besteht aus einer Lage großer, schmaler, nach außen vorgewölbter Zellen, wodurch die Griffeloberfläche ein etwas papillöses Aussehen erhält. Im Inneren befindet sich kleinzelliges, das Bündel umschließendes Gewebe. Ob ektotrophes oder endotrophes Pollenschlauchleitgewebe vorhanden ist, kann nicht mit Sicherheit festgestellt werden, da Griffelabschnitte mit Pollenschläuchen nicht gefunden wurden und von Seiten der Griffelanatomie her beide Möglichkeiten verwirklicht sein können. Auch der belegungsfähige Ort der Narbe konnte nicht lokalisiert werden, da er äußerlich nicht erkennbar und an dem fixiertem Material durch spezifische Narbenreaktion (z. B. nach Robinson, 1924) nicht nachweisbar ist. Nach der Anthese bleiben die Griffel erhalten und sind noch an reifen Früchten vorhanden.

Von morphologischer Seite her interessiert die Deutung der fast gänzlich im apokarpen Bereich des Pistills liegenden, erwähnten „homogenen" Zone unterhalb der Griffelbasis (Abb. 15, *VIII— IX*), zumal hieraus auch Schlüsse über den Bau des Griffels gezogen werden können.

Würde der fragliche Abschnitt durch das Zusammenneigen der Karpellränder unterhalb der Griffelbasis zustande kommen, so müßte wohl eine Ventralspalte oder -naht an ihm und auch am Griffel sichtbar sein. Dies trifft aber nicht zu. So wäre auch zu diskutieren, ob dieses Septum der bisher nur für das coenokarpe Gynoeceum und zwar nur in einem Fall (*Cuscuta*) für den apokarpen Bereich beschriebenen Scheitelwand oder dem Apikalseptum homolog wäre (Hartl, 1962). Tatsächlich ist auch hier Anakrostylie vorhanden, und man kann weiterhin annehmen, daß das kurze Septum durch Verwachsung des abwärts ziehenden Karpellrückens mit dem Griffel zustande kommt, wie dies Hartl postuliert hat. Einen Hinweis auf eine bauplanmäßige Verbindung von Anakrostylie einerseits und Rückenaussackung sowie Septenbildung andererseits gibt das Gynoeceum von *Hydrostachys distichophylla* (Abb. 15, *XV—XXI*). Bei diesem nur einmal beobachteten Fall ist nämlich keine Rückenaussackung, keine Anakrostylie und dementsprechend kein Septum vorhanden. Aber auch dann müßte an den Stylodien eine „Ventralnaht" vorhanden sein und außerdem müßten auch — zumindest auf frühen Jugendstadien — die Blattränder andeutungsweise sichtbar werden; beides ist jedoch nicht der Fall (Abb. 17, *I*). Auch die Annahme bifazialer und nicht plikater Stylo-

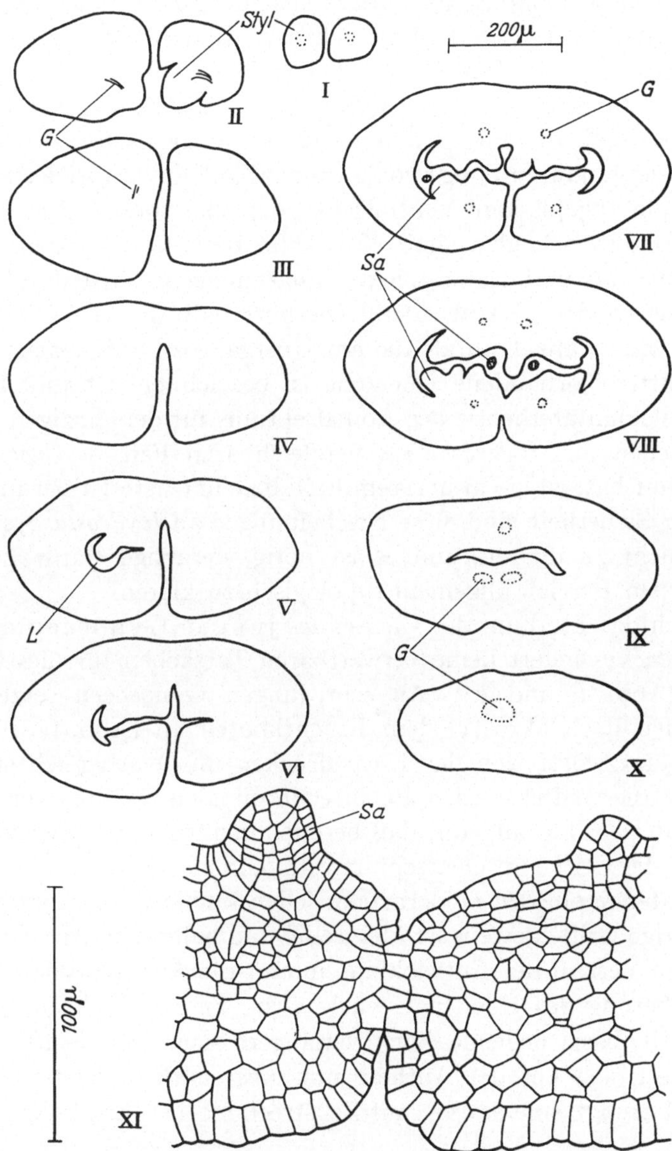

Abb. 16. Entwicklung des Pistills von *H. goudotiana*; *I—X* Querschnittserie durch ein junges Pistill (Samenanlagen als kleine Höcker sichtbar), bei dem die beiden Karpelle auf der adaxialen Seite noch nicht postgenital verwachsen sind. Außerdem tritt der synkarpe Abschnitt noch nicht hervor. *I* Stylodien; *II* Stylodienbasis; *III* apokarper, *IV—VIII* parakarper Abschnitt: die beiden Karpelle klaffen auf der adaxialen Seite; in *VIII* ist dort bereits Verwachsung eingetreten; *IX* kongenital verwachsener parakarper Ovarbereich; *X* Pistillbasis; *XI* vergrößerter Ausschnitt der adaxialen Verwachsungsnaht der beiden Karpelle aus Fig. *VIII*. *G* Gefäßbündel; *L* Loculus; *Sa* Samenanlage; *Styl* Stylodium. Die adaxiale Seite ist nach unten orientiert

dien (s. LEINFELLNER, 1952) bzw. scheinbar unifazialer Stylodien (WASSNER, 1955, S. 35) ohne sichtbare Blattränder liefert keine Erklärung für den Bau des fraglichen Karpellabschnittes.

Es bietet sich noch eine weitere Deutungsmöglichkeit an, besonders durch die Feststellung, daß bei *Hydrostachys* der Griffel auf seiner gesamten Länge völlig rund ist und an ihm weder Ränder noch eine abgeplattete Ventralseite oder eine vorgewölbte Dorsalseite zu unterscheiden sind. Man kann deshalb auch den Griffel zur Gänze als unifazial ansehen, zumal unifaziale Griffelabschnitte nicht selten sind (BAUM, 1948). Die unterhalb der Griffelbasis liegende Zone wäre dann als die am Übergang zu unifazialen Blattabschnitten vorhandene Querzone zu bezeichnen. Obwohl HARTL die Unifazialitätstheorie des Apikalseptums für den einzigen bisher gefundenen mit *Hydrostachys* vergleichbaren Fall — *Cuscuta* — abgelehnt hat, ist sie in unserem Fall die einfachste Erklärung. Mit völliger Sicherheit sind diese Erscheinungen an *Hydrostachys* allein aber nicht zu deuten, und es ist nötig, derartige Bauweisen im apokarpen Bereich allgemein typologisch zu klären.

Auch das Studium der Genese des jungen Gynoeceums von *Hydrostachys* liefert keine verwertbaren Tatsachen für dieses Problem (Abb. 16 und 17). An sehr jungen Gynoeceen setzen die Stylodien noch akrostyl dem Fruchtknoten an (Abb. 17, *I—II*); erst später wölbt sich der Karpellrücken im Ovarbereich stärker auf und die Griffel werden aus ihrer terminalen Stellung verdrängt (Abb. 16, *II*). Es fällt auf, daß bereits auf jüngsten Entwicklungsstadien der Griffel im Querschnitt vollkommen rund ist (Abb. 17, *I*). Die später papillösen epidermalen Zellen sind bereits zu erkennen, das übrige Griffelgewebe ist kleinzellig und halbmeristematisch. Im späteren Verlauf der Entwicklung nimmt die Anakrostylie und die Vergrößerung des Rückenauswuchses zu, und auch die unterhalb der Griffelbasis liegende Zone verlängert sich. Der Griffel selbst verändert sich vor der Anthese nur unwesentlich. Erst in ihrem Verlauf erfolgt eine starke, auf Zellstreckung beruhende Verlängerung.

Die Ontogenese der übrigen Abschnitte des Gynoeceums liefert einige Befunde im Hinblick auf die Zygomorphie der Blüte. Junge Fruchtknoten, bei denen noch keine Differenzierung in Plazenta und Samenanlagenprimordium stattgefunden hat, besitzen im Gegensatz zu den älteren nur die apokarpe und die parakarpe Zone (Abb. 17, *IV—VIII*). Durch den basalen Ovarhohlraum geführte

Querschnitte zeigen zwei kongenital miteinander verwachsene Karpelle (Abb. 17, *VII—VIII*). Auf der adaxialen Seite ist aber, im Gegensatz zur abaxialen, nur eine schmale Gewebepartie der beiden Karpelle miteinander verwachsen, wodurch sich auch mikroskopisch die Dorsiventralität des Gynoeceums bemerkbar macht (Abb. 17, *VI* und *VII*). Weiter oben fehlt adaxial die kurze Verwachsungszone, und die beiden Karpellränder klaffen auseinander (Abb. 17,

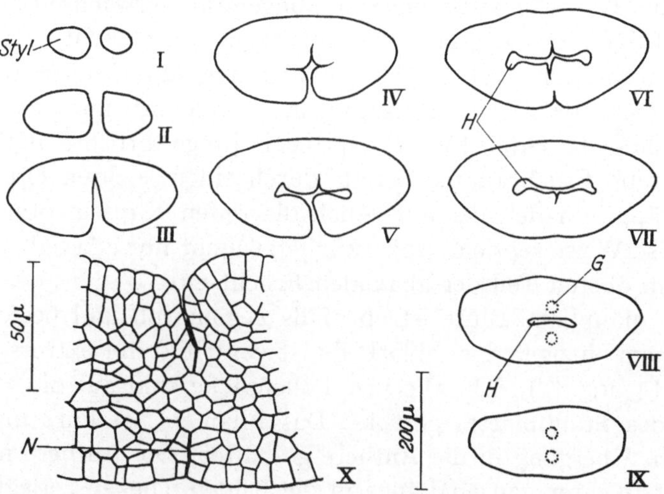

Abb. 17. Entwicklung des Pistills von *H. goudotiana*; *I—IX* Querschnittserie durch ein sehr junges Pistill; *I—II* apokarper Bereich (*I* Stylodien); *III—VIII* parakarper Abschnitt (*III—V* Karpelle adaxial noch nicht miteinander verwachsen); *IX* Pistillbasis; *X* vergrößerter Ausschnitt der adaxialen Verwachsungsstelle der beiden Karpellränder in *VII*: Septalnaht teilweise postgenital, teilweise kongenital verwachsen. *G* Bündel; *H* Ovarhohlraum; *N* Naht der postgenitalen Verwachsung; *Styl* Stylodien. Die adaxiale Pistillseite weist stets nach unten

IV—V). Noch etwas höher geführte Schnitte, welche durch die in diesem Entwicklungsstadium noch massive Rückenaussackung gehen, zeigen ebenfalls die kongenitale Verwachsung nur an der abaxialen Seite des Gynoeceums (Abb. 17, *III*). Im Verlaufe des Karpellwachstums pressen sich die adaxialen Karpellränder jedoch fest gegeneinander und verwachsen schließlich postgenital (Abb. 16, *XI*; s. auch Abb. 17, *X*). Hier ist also der seltene Fall postgenitaler Verwachsung an parakarpen Gynoeceen verwirklicht (s. auch BAUM, 1949). Diese reicht bis an den kapuzenförmig ausgesackten apikalen Bereich heran, in welchem die Karpelle zunächst auch in der Mitte miteinander verbunden sind (vgl. Abb. 15, *XVI*), teilweise randlich sogar noch höher hinauf. In diesem Fall sind die Karpelle nicht bis zur Mitte verwachsen, vielmehr tritt hier eine interkarpelläre

Spalte auf (Abb. 15, *VI*). Relativ spät im Verlaufe der Entwicklung wird die synkarpe oder synascidiate Zone sichtbar. In ihr sind die beiden Karpelle immer kongenital miteinander verwachsen.

Die beiden Karpelle des Gynoeceums sind also im oberen parakarpen Bereich auf ihrer abaxialen, der Braktee zugekehrten Seite kongenital, auf der der Ährenachse zugekehrten Seite postgenital miteinander verwachsen. Im unteren parakarpen Abschnitt dagegen sind die Karpelle auch adaxial kongenital verwachsen (Abb. 6, *VII—VIII*). Die Zygomorphie äußert sich also nicht nur in der Gestalt, sondern auch in der Entwicklung des Gynoeceums. Da die postgenitale Verwachsungszone im Querschnitt nur wenige Zelllagen dick ist (Abb. 16, *XI*), springen junge Früchte und sogar schon reife Fruchtknoten bereits durch einen leichten Druck mit der Präpariernadel hier auf. Auch die reifen Kapseln öffnen sich auf diese Weise septicid, und zwar jetzt nicht nur adaxial, sondern auch im oberen Teil der abaxialen Fruchtseite.

Die männliche Blüte ist ebenfalls zygomorph und besteht nur aus einem einzigen Staubblatt. Es ist ventrifix und extrors gebaut (Abb. 14 und 18), d.h. alle vier Pollensäcke sind auf die abaxiale Seite des Staubblattes gerückt. Das Filament ist kurz und dick und am Übergang in die Anthere gespalten. Die Anthere nämlich ist fast in ihrer ganzen Länge in die beiden Theken zerlegt.

Wie der Entwicklungsverlauf des Staubblattes zeigt (Abb. 18, *VII—X* und *XI—XIV*), erfolgt die Spaltung der Anthere bereits in einem sehr jungen Stadium. Dieser Tatsache entspricht auch die tiefe Teilung, denn je früher in der Entwicklung die Spaltung erfolgt, desto länger entwickeln sich die Theken unabhängig voneinander und um so manifester wird die Spaltung. Sehr junge Staubblattprimordien (Abb. 18, *VII*) lassen bereits eine leicht extrorse Antherengestalt erkennen, denn nur auf der abaxialen Seite wird eine basale Vorwölbung sichtbar. In keinem Stadium ist von der Epipeltation des Staubblattes etwas zu bemerken, wie dies mitunter der Fall ist (Baum u. Leinfellner, 1953). Sie wird sofort durch die sekundären Veränderungen der Antherenform überdeckt. Querschnitte durch die Antheren wenig älterer Staubblätter zeigen (Abb. 18, *XI—XIV*), daß die Anthere bereits jetzt in zwei selbständige Zipfel ausläuft. In der Folge vergrößern sich die beiden Theken stark, wachsen getrennt heran und erreichen gesondert ihre volle Länge (Abb. 18, *XV—XXIV*). Auch basalwärts wachsen die Theken in die Länge, so daß die anfänglich basifixe Anthere in eine deutlich ventrifixe übergeht (Abb. 18, *X*). Das Konnektiv tritt kaum in Erscheinung und verbreitert sich nicht, so daß die Theken dicht aneinander gepreßt sind.

Auf die Innervation des Staubblattes bleibt die frühzeitige Trennung der Theken nicht ohne Folgen, da diese sich in einem Stadium

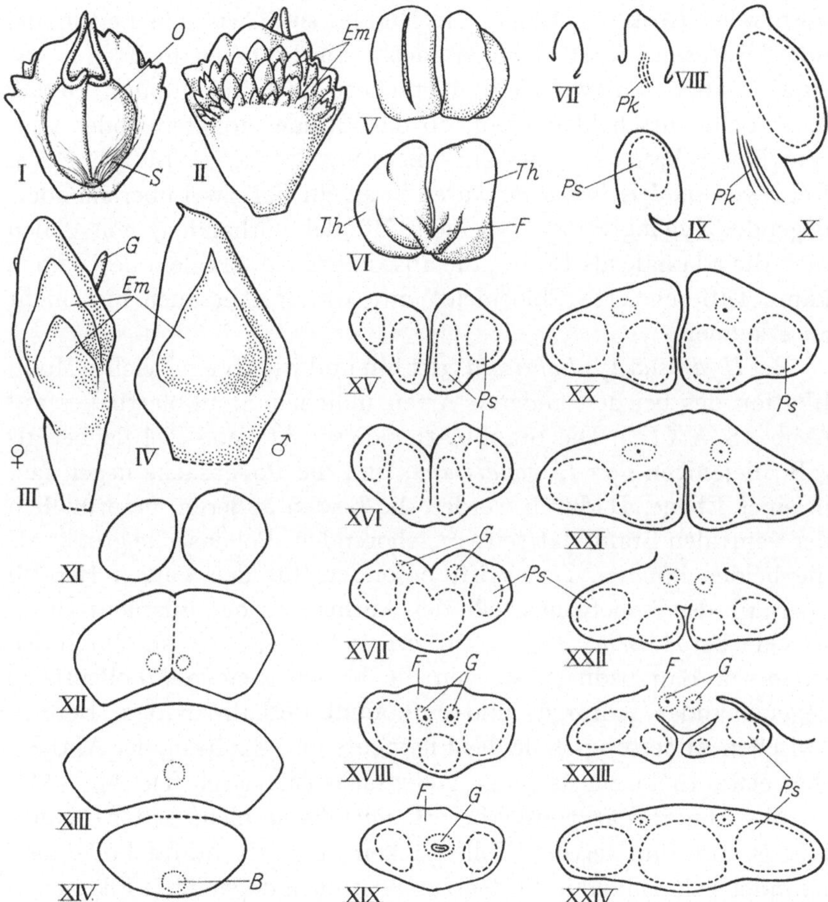

Abb. 18. *I—II* ♀ Blüten von *H. goudotiana* in adaxialer (*I*) und abaxialer (*II*) Ansicht, sowie ♀ Blüte (*III*) und ♂ Blüte (*IV*) von *H. imbricata*, beide in abaxialer Ansicht; *V—XXIII* Stamina von *H. goudotiana* und *XXIV* von *H. imbricata*; *V—VI* Totalansicht von der abaxialen (*V*) und adaxialen Seite (*VI*); *VII—X* Entwicklung des extrorsen Staubblattes; *XI—XIV* Querschnittserie durch ein sehr junges Staubblatt (s. Fig. *VIII*), dessen Theken apikal bereits gespalten sind (*XI—XII*); *XV—XXIII* Querschnittserien durch ein junges (s. Fig. *IX*) (*XV—XIX*) und ein fertiges Staubblatt (*XX—XXIII*); *XV—XVI* und *XX—XXI* Theken gespalten, *XVII—XVIII* und *XXII—XXIII* Übergangsbereich von Anthere und Filament, *XVII* und *XVIII* faziale Pollensackfusion der abaxialen Pollensäcke; *XXIV* faziale Pollensackfusion im Anheftungsbereich der Anthere bei einem fertigen Staubblatt von *H. imbricata*. *G* Gefäßbündel; *Em* Emergenz; *F* Filament; *Pk* Prokambium; *O* Ovar; *Ps* Pollensack; *S* Seidenhaarbüschel; *Th* Theka

vollzieht, in welchem die Bündel gerade als Prokambiumstränge angelegt werden. Das Staubblatt besitzt nämlich zwei Bündel, die je eine Theka innervieren und sich in Zweizahl in das Filament, sogar noch weiter abwärts als Spurstränge in die Ährenachse hinein fortsetzen (Abb. 18, *XXIII*). In jungen Staubblättern sind Blattspurstrang und basaler Bündelabschnitt manchmal noch in Einzahl vorhanden (Abb. 18, *XIX*). Die Bündel sind, wie alle Leitbündel von *Hydrostachys*, stark vereinfacht: Sie bestehen meist nur aus einer Gruppe von zwei bis drei Tracheen und Prokambium, so daß man nicht entscheiden kann, ob das Bündel kollateral oder konzentrisch gebaut ist (vgl. LEINFELLNER, 1956a, b; JÄGER, 1961). Bei *Hydrostachys imbricata* waren in einem Fall zwei übereinanderliegende Xylemgruppen in einem Bündel vorhanden, von denen man die adaxiale als Proto-, die abaxiale als Metaxylem bezeichnen kann. Differenzierte Phloëmelemente waren aber auch hier nicht zu erkennen.

Bei *Hydrostachys imbricata* tritt hin und wieder eine leichte Modifikation des bei den anderen Arten üblichen Staubblattbaues auf (Abb. 18, *XXIV*). Die Staubblätter dieser Art sind viel flacher als z.B. diejenigen von *H. goudotiana*, und die Pollensäcke liegen fast in einer Ebene. Dadurch werden die beiden äußeren, ursprünglich der ventralen Staubblattseite angehörenden, Pollensäcke größer als die beiden inneren. Dies trifft besonders für den kurzen Bereich oberhalb der Anheftungsstelle der Anthere an das Filament zu, in welcher bei *H. imbricata* die Anthere nicht gespalten ist. Durch den extrorsen Bau bedingt, werden die beiden kleineren Pollensäcke gegeneinander gedrängt, und es kommt deshalb in dem Bereich zwischen Anheftungsstelle des Filaments und Spaltung der Anthere (bei etwa 10 %) zur fazialen Pollensackfusion (vgl. TRAPP, 1956).

Als Abnormität treten bei *H. goudotiana* nicht selten Staubblätter mit fünf fertilen Pollensäcken auf. Der fünfte Pollensack befindet sich adaxial in Fortsetzung des noch ungeteilten Filaments. Daß es sich hierbei nicht um eine nachträgliche im Verlaufe der Ontogenese erfolgende Erscheinung handelt, zeigt die Anzahl der Staubblattbündel. Es sind nämlich in der Infloreszenzachse bereits drei Spurstränge vorhanden: Der adaxiale von ihnen zieht in den akzessorischen Staubblattabschnitt, in dessen halber Länge das Bündel endet. Darüber liegt der Loculus. Ein Querschnitt durch den fertilen Abschnitt zeigt eine normale Endothezium- und Tapetumschicht und fertilen Pollen, der sich seinem Aussehen nach nicht von dem der normalen Loculi unterscheidet. Die Herkunft des überzähligen Pollensackes ist unklar, allenfalls kann er durch Vermehrung oder Spaltung der Staubblattanlage entstanden sein.

Das Öffnen der reifen Theken erfolgt durch einen Längsriß zwischen den Pollensäcken (Abb. 18, *V*).

Aufblühfolge. Die einzelnen Ähren einer Synfloreszenz blühen im allgemeinen gleichzeitig auf, da die Hauptfloreszenz und die verschieden alten Parakladien durch die Höhe des Wasserstandes in ihrer Entwicklung mehr oder weniger gleichgeschaltet sind, und erst das Sinken des Wassers älteren Knospen, die bislang in ihrer Entwicklung gehemmt waren, das Aufblühen ermöglicht. Für die ährigen Blütenstände gilt entsprechend der Anlegungs- und Ausgestaltungsfolge eine akropetale Aufblühfolge. Innerhalb einer Synfloreszenz finden sich jedoch vereinzelt Ähren, die scheinbar basipetal aufblühen. Zur Untersuchung der Aufblühfolge sind besonders die weiblichen Ähren geeignet, weil sich bei ihnen der Verlauf der Anthese an der Länge der Griffel leicht nachweisen läßt. So findet man z.B. weibliche Ähren, bei denen die Griffel in Blüten der oberen Hälfte bereits ihre maximale Länge erreicht haben, während basale Blüten noch kürzere Griffel besitzen. Bezeichnenderweise werden aber in der distalen Region die Griffel wieder kürzer. Die Aufblühfolge des apikalen Ährenabschnittes ist also akropetal. Die verzögerte Anthese der Blüten des unteren proximalen Abschnittes dürfte wohl in Abhängigkeit vom Wasserstand stehen: Die oberen Blüten der Ähre ragen früher und deshalb länger aus dem Wasser heraus als die unteren und blühen auf, während sich die unteren Blüten erst bei weiterem Sinken des Wasserstandes entfalten, wodurch die Verzögerung und scheinbare Umkehr der Aufblühfolge zu erklären ist.

Brakteen. Da die Blüten nackt sind, kommt den Brakteen die Aufgabe des fehlenden Perigons zu. Sie schützen die fertilen Organe, weniger gegen Austrocknung, als vielmehr gegen Verletzung durch das reißende Wasser. Weiterhin dürften sie für die Ernährung der wachsenden Blüte von Wichtigkeit sein. Diese Funktionen drücken sich in ihrer Gestalt und Anatomie aus: Die Brakteen sind dickfleischig und auf ihrer Außenseite mit wenigen großen oder zahlreichen kleineren Emergenzen bedeckt (Abb. 12; Abb. 18, *II—IV*), deren Anzahl bei denen der männlichen und der weiblichen Blüten verschieden sein kann. Ein solcher Sexualdimorphismus ist z.B. häufig bei *H. imbricata* zu beobachten (Abb. 18, *III—IV*). Die Brakteen der weiblichen Blüten tragen zwei Emergenzen, die der männlichen nur eine, jedoch wesentlich breitere Emergenz. Die Brakteen selbst sind gänzlich bifazial und schuppenförmig; apikal laufen sie in einen stumpflichen oder spitzen fleischigen Zipfel aus. In morphologischer Hinsicht sind die Brakteen von vaginaler Natur, an denen der apikale Blattzipfel wohl das rudimentäre Oberblatt darstellt.

Die Brakteen sitzen mit breitem Grunde der Achse an und werden von 5—7 kollateralen Bündeln innerviert (Abb. 13, *II, III*). Deren Xylem ist, wie auch das der Achsenbündel, von meist kollenchymatischem Gewebe durchsetzt, welches außerdem die einzelnen Bündel miteinander verbindet (Abb. 13, *III*). Bei *Hydrostachys distichophylla* und *H. hildebrandtii* bestehen diese Gewebepartien aus Xylemfasern und sind verholzt, wie aus ihrer starken Affinität zu Safranin erkennbar ist (Abb. 13, *II*). In beiden Arten besitzt die Oberseite der Braktee dadurch eine gegen mechanische Einflüsse wirksame Versteifung, die sich gleich einem Reifen schützend um die junge Blüte und spätere Frucht legt.

In Analogie zu den vegetativen Organen dürften auch die Emergenzen der Brakteen das eigentliche Assimilationsgewebe darstellen. Zuweilen findet man auch Ähren, deren Brakteen völlig emergenzlos sind, weil das Parenchymgewebe bis auf den Kollenchymreif von der Strömung weggerissen wurde. Auch dem Infloreszenzschaft fehlt häufig Rindengewebe mitsamt den Emergenzen, so daß nur noch Leitzylinder und Mark vorhanden sind. Dies ist nicht verwunderlich, da die Blütenstände als einzige Organe der Pflanze senkrecht zur Strömung orientiert und deshalb einer starken mechanischen Belastung durch den Wasserdruck ausgesetzt sind. Dem entspricht auch die Anatomie der Ährenachse: An der Basis und im unteren Teil des Schaftes ist ein mechanisch besonders wirksamer Gefäßbündelring ausgebildet (Abb. 10 und Abb. 19, *III*). Er ist offensichtlich durch Zusammenschluß von Einzelbündeln entstanden, wie Querschnitte durch noch jüngere Achsen und auch durch den oberen Abschnitt älterer Blütenstände zeigen (Abb. 19, d). Hier ist nämlich noch ein Ring von Einzelbündeln festzustellen. Außerhalb dieses Ringes liegt in der Rinde ein Kranz von kleinen Bündeln, welche innerhalb des subfloralen Internodiums keinerlei Verbindung mit dem zentralen Leitzylinder haben und die Emergenzen innervieren. An der Basis des Infloreszenzschaftes besteht der Bündelzylinder—je nach dessen Alter—aus verholzten oder unverholzten, stark verdickten Faserzellen. Schon bei schwächerer Vergrößerung

fallen innerhalb dieser Zellverbände Partien unverdickter Zellen
auf, die regellos über den Querschnitt des Ringes verstreut sind
(Abb. 19, *III*). Zu innerst findet man stets einen dem Hadrom

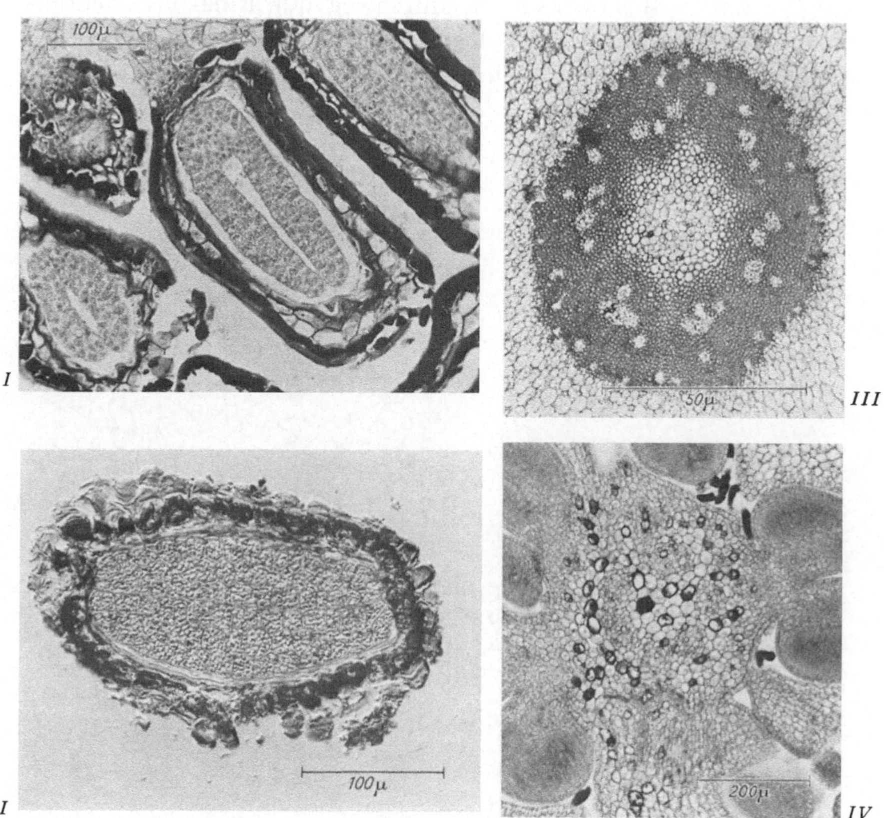

Abb. 19. *I* Längsschnitt durch unreife Samen von *H. goudotiana*. Der Embryo hat das
transitorische Endosperm verdrängt und füllt fast den ganzen Samen aus. Die
Außenwand der Samenepidermis ist stark verdickt. *II* Querschnitt durch einen reifen,
im Wasser gequollenen Samen von *H. goudotiana*, dessen Epidermis Schleimschichten abgeschieden hat (Phasenkontrast); *III* und *IV* Querschnitte durch den Leitzylinder einer
alten (*III*) und einer jungen (*IV*) Floreszenzachse; *III* Basis des Grundinternodiums,
Einzelbündel zu einem Ring verschmolzen; *IV* junge Ährenachse mit freien Einzelbündeln

angehörenden Zellkomplex, der beiderseits von je einer größeren
Leptomgruppe flankiert wird. Nach außen zu erfolgt die Verteilung
von Hadrom und Leptom unregelmäßig, meist sind jedoch wesentlich mehr Hadrom- als Leptomelemente vorhanden. Um diesen
zunächst verwirrenden und unseres Wissens im Bereich der Wasserpflanzen einmaligen Bündelbau zu verstehen, ist das Studium der
Genese des Leitsystems erforderlich.

In jungen Ährenstielen, deren Durchmesser halb so groß wie
der der fertilen ist, kann man noch Einzelbündel unterscheiden
(Abb. 19, *IV*); ein solches (Abb. 20, *I*) trägt proximal eine Hadrom-
gruppe aus 2—3 Tracheen, die durchweg nur Ring- und Schrau-
benverdickungen aufweisen. Die Tracheen werden von einer Lage
großer dünnwandiger Zellen umgeben, den Belegzellen. Schräg

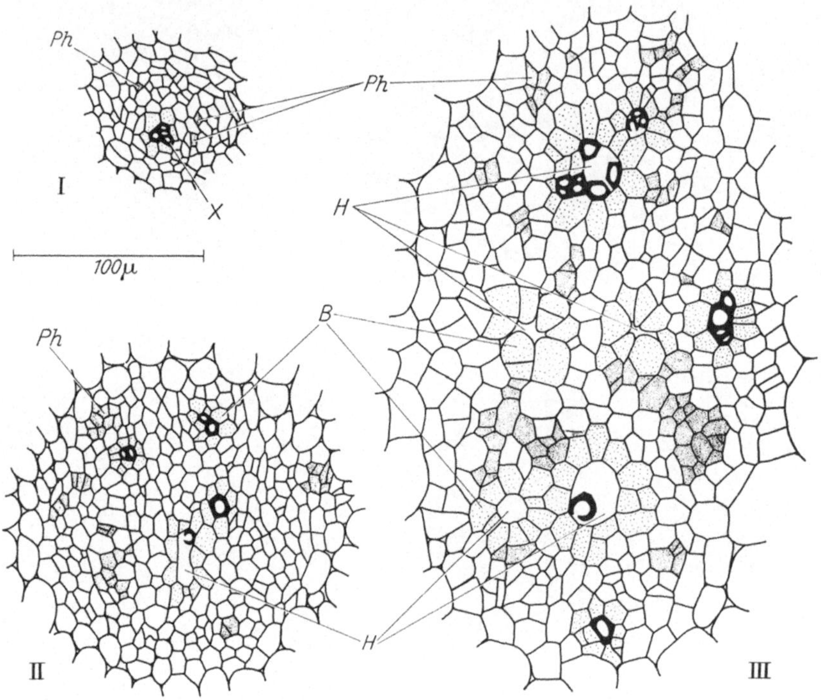

Abb. 20. Entwicklung der Gefäßbündel in der Floreszenzachse von *Hydrostachys goudotiana*;
I—III Querschnitte durch verschieden alte Einzelbündel aus dem blütentragenden Ab-
schnitt. *B* Belegzellen, weit punktiert; *Ph* Phloëm, eng punktiert; *X* Tracheen, schwarz;
H Hohlraum

darüber, gegen die Rinde zu, oder etwas seitlich davon, befinden
sich zwei Gruppen von Sieb- und Geleitzellen. Die übrigen Zellen
sind isodiametrisch und halbmeristematisch und noch in lebhafter
Teilung begriffen.

Die weitere Entwicklung soll aus Gründen der Übersichtlichkeit
an den Bündeln des oberen blütentragenden Infloreszenzabschnit-
tes, in welchem die Einzelbündel seitlich nicht miteinander zu einem
Ring vereinigt sind, dargestellt werden. Ein solches Bündel (Abb. 20,
II) besitzt neben der innersten noch drei weitere äußere Hadrom-
komplexe, die ebenfalls von einem Kranz dünnwandiger Belegzellen

umgeben werden. Da sich die folgenden peripheren Hadromelemente später entwickeln als die proximalen, wird man sie dem Metaxylem, die proximalen dem Protoxylem zuzählen müssen. Das Bündel ist also normal endarch. Das Protoxylem hat sich auf diesem Stadium ziemlich vergrößert, jedoch ist an Stelle der Tracheen ein schizogener Hohlraum entstanden, an dessen Wänden noch Reste der Verdickungen der Tracheen hängen (vgl. auch WARMING, 1891a). Die erwähnten drei weiteren Hadromgruppen erleiden das gleiche Schicksal. Sie haben deshalb ebenfalls nur Schrauben- und Ringverdickungen. Bei *Hydrostachys* werden fast überhaupt nur Ring- und Schraubengefäße ausgebildet, weil das Bündel sich im Laufe seiner Entwicklung nach allen Seiten hin stark vergrößert, wobei immer wieder neues Xylem rindenwärts ausgegliedert wird (Abb. 20, *III*). Außerdem unterliegen die Bündel in dem langen subfloralen Internodium einem starken Streckungswachstum, so daß im völlig ausdifferenzierten Zustand kaum oder überhaupt keine intakten Tracheen mehr vorhanden sind. Statt dessen finden sich dann große Hohlräume, wie dies bei Wasserpflanzen häufig der Fall ist.

Auf Grund der Ausdifferenzierung der Tracheen des äußeren Hadroms vor vollendeter Organstreckung und der Beschränkung auf Ring- und Schraubengefäße dürfte dieses streng genommen nicht als Metaxylem bezeichnet werden (ESAU, 1953). Was ihren Bau jedoch betrifft, räumt auch ESAU ein, daß „morphologically the two parts" (= Proto- und Metaxylem) „may intergrade" (S. 239). Berücksichtigt man dagegen den Zeitpunkt der Ausdifferenzierung, so müßte man andererseits das gesamte Xylem als Protoxylem bezeichnen. Wie die Hadrom- entstehen auch, entsprechend der Vergrößerung des Bündels, weitere Leptomgruppen; sie liegen jedoch meist an der Peripherie, nur wenige im Zentrum des Bündelquerschnitts (Abb. 20, *II, III*).

Die Entwicklung des Bündels erfolgt also nicht von einer kambialen mittleren Zellschicht aus, sondern dieses ist geschlossen. Von normalen geschlossenen Bündeln unterscheidet es sich aber dadurch, daß es sich späterhin gegen die Rinde und die Flanken zu beträchtlich vergrößert, wobei die Zelldifferenzierung zentrifugal erfolgt. Dabei verhalten sich Hadrom und Leptom gleich im Gegensatz zu der Ausdifferenzierungsweise normaler kollateraler Bündel, bei denen von den beiden Polen her die Differenzierung beginnt und Protophloëm und Protoxylem an den Außenzonen, also gegen die Rinde bzw. das Mark zu liegen. Normalerweise werden auch die Erstlingselemente, besonders das Protophloëm, später zusammengedrückt, während sie hier funktionsfähig bleiben. Man kann bei *Hydrostachys* die Erstlingselemente des Phloëms nur nach der Zeit ihrer Entstehung, nicht aber ihres weiteren Schicksals wegen als Protophloëm im eigentlichen Sinn bezeichnen.

In der Achse der weiblichen Blütenstände verdicken sich die Zellen zwischen den einzelnen Leitelementkomplexen schließlich kollenchymatisch, an der Stengelbasis verholzen sie. An diesem eigenartigen Bündelbau fällt auf, daß wenig Leitgewebe vorhanden ist und die mechanischen Elemente weitaus überwiegen. Vor allem tritt das Phloëm später stark zurück. Damit hängt wohl auch zusammen, daß nur anfangs Assimilate von Blättern, die ja beim Sinken des Wasserstandes allmählich absterben, in die florale Region transportiert werden, um dort in größeren Mengen gespeichert zu werden.

V. Embryologische Untersuchungen

Von der Embryologie der Hydrostachyaceen war lange Zeit nur der äußere Bau der Samenanlage bekannt: Ihre Anatropie, Einzahl des Integuments und die schwache Ausbildung des Nuzellus (Warming, 1891 a). Erst durch Palm (1915) wurde eine Reihe detaillierterer Befunde an zwei sich gleich verhaltenden Arten *(H. imbricata* und *H. spec.)* bekannt. Er beschreibt den Bau der Samenanlage, einige Stadien der Embryosackbildung, ferner die Entstehung der Makrosporen, den Embryosack im Zweikernstadium, sowie den reifen Embryosack, die Art der Endospermbildung und das Aussehen des Embryos im Oktantenstadium. Unsere eigenen Untersuchungen konnten seine Ergebnisse teilweise bestätigen, so den Bau von Samenanlage und Embryosack und das *ab initio* zelluläre Endosperm; einige seiner Angaben, wie die Endospermentwicklung, insbesondere aber die Gestalt des Suspensors und die Herkunft des mikropylaren Haustoriums, beruhen hingegen auf Beobachtungsfehlern und müssen korrigiert werden. Gerade das Suspensorhaustorium und der Endospermtyp waren die ausschlaggebenden Kriterien für die Beurteilung der systematischen Stellung und Verwandtschaft der Hydrostachyaceen (s. S. 67).

Die hier untersuchten *Hydrostachys*-Arten dürften sich embryologisch gleichartig verhalten, obwohl nur für *H. goudotiana* die gesamte Entwicklung in ihren einzelnen Phasen verfolgt werden konnte; stichprobenartige Untersuchungen an anderen Arten erbrachten die gleichen Befunde, so daß auch die bei diesen nicht erfaßten Entwicklungsstadien denen von *H. goudotiana* gleichen dürften.

Nachfolgend soll maßgebend für alle anderen untersuchten Arten die Embryologie an *H. goudotiana* ausführlich dargestellt werden.

1. Bau und Entwicklung der Samenanlage und des weiblichen Gametophyten

Die Samenanlagen von *H. goudotiana* sind anatrop, tenuinuzellat und unitegmisch (Abb. 21). Im befruchtungsfähigen Zustand ist die Samenanlage etwa 350 µ lang; davon entfallen jedoch nur 50—60 µ auf den Nuzellus; der Hauptanteil der reifen Samenanlage wird von der Chalaza eingenommen (Abb. 21, *IV*). Diese verlängert sich aber erst im Verlaufe der Ontogenese (Abb. 21, *II*). Verfolgt man die Genese der Samenanlage von Beginn ihrer Ausgliederung aus dem Plazentagewebe an, so fällt zunächst im Primordium eine vergrößerte apikale subepidermale Zelle auf, die primäre Archesporzelle, die späterhin direkt zur syndermalen Makrosporenmutterzelle wird (Abb. 21, *I—III*). Diese wird (auf Längsschnitten) von drei Epidermiszellen bedeckt, die sich durch antikline Teilungen bis auf 5—7 Zellen vermehren können. Nur diese und die Archesporzelle werden zu dem kleinen Nuzellus. An der Basis der die Archesporzelle bedeckenden Nuzelluskappe finden vermehrte Teilungen in der Epidermis und Subepidermis statt, welche die Ausbildung des Integuments einleiten. Die Makrospore bzw. der Embryosack ist länger als der eigentliche Nuzellus und ragt basalwärts in die Chalaza hinein. Die anatrope Einkrümmung des Samenanlagenprimordiums erfolgt kurz vor und während der Ausgliederung des Integumentes und ist abgeschlossen, wenn dieses bis zur Nuzellusspitze reicht. Die Samenanlage hat nun eine Länge von ca. 90 µ. Jetzt vergrößert sich auch die Chalaza und zwar viel stärker als der übrige Abschnitt der Samenanlage, so daß jene, wie erwähnt, schließlich den Hauptanteil der fertilen Samenanlage stellt. Die Zellen der Chalaza sind im allgemeinen isodiametrisch, abgesehen von einem (auf Längsschnitten) dreireihigen Strang langgestreckter Zellen, der von der Nuzellusbasis gegen das Ende der Chalaza hinzieht (Abb. 21, *III*). Hier hat Zellteilung nur in einer Richtung, nämlich quer zur Längsrichtung der Samenanlage stattgefunden. Außerdem sind diese Zellen schmal und zartwandig, so

daß der Eindruck entsteht, als handle es sich um den langgestreck-
ten basalen Nuzellusabschnitt. Tatsächlich aber gehört dieses Gewebe der Chalazaregion an, da es nicht mehr vom Integument um-

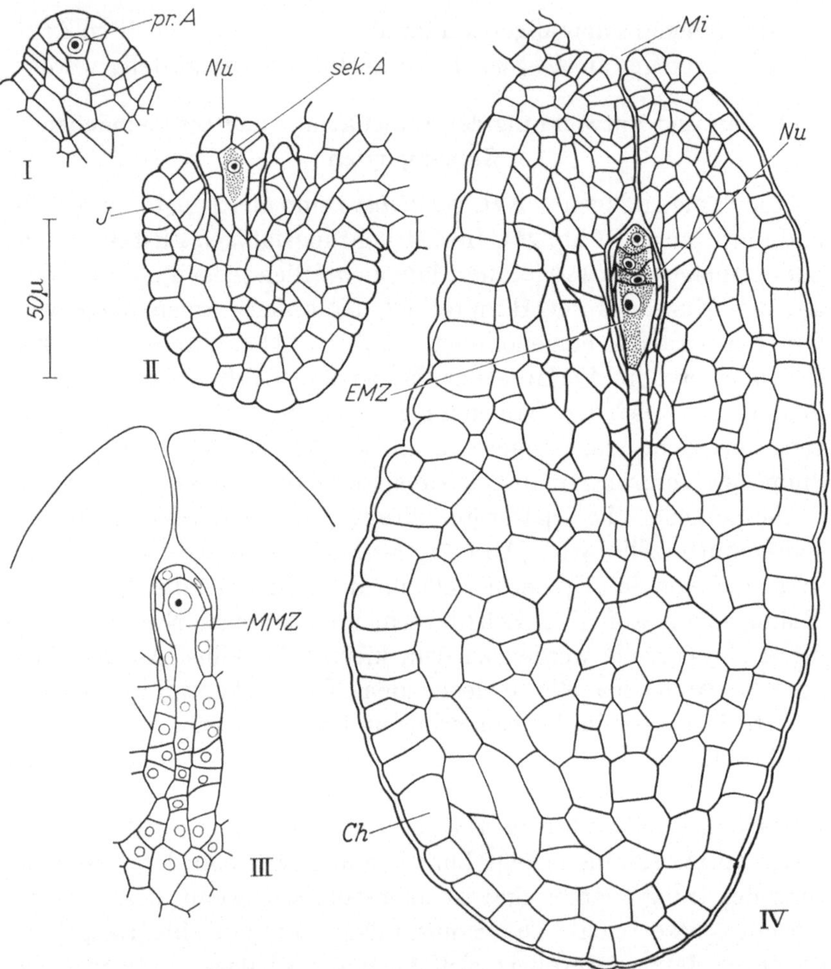

Abb. 21. Entwicklung der anatropen Samenanlagen von *H. goudotiana*; *I—IV* Längsschnitte durch verschieden alte Samenanlagen. In *I* primäre Archesporzelle *pr. A*, die zur
sekundären Archesporzelle *sek. A* (*II*) und schließlich zur Makrosporenmutterzelle (*MMZ*)
wird (*III*); *IV* serial angeordnete Makrosporentetrade, die unterste Makrospore wird zur
Embryosackmutterzelle (*EMZ*); *I* Integument; *Nu* Nuzellus; *Ch* Chalaza; *Mi* Mikropyle

schlossen wird. Die genannten Zellen bleiben immer dünnwandig;
Hypostase- und Postamentbildung fehlt.

Während der Überwölbung des Nuzellus durch das Integument
streckt sich dieses an seiner Außenseite stärker als auf der Innen-

seite. Demzufolge verlaufen die schmalen Zellen der Innenepidermis des Integuments, die sich nicht in entsprechendem Maße teilen und vergrößern, gegen die Mikropyle zu schräg (vgl. Abb. 22, *V*). Eine Mantelschicht (= Integumenttapetum) ist demnach nur sehr schwach ausgebildet. Das Integument ist ziemlich dick und besteht in der befruchtungsfähigen Samenanlage aus 5—7 Zellschichten.

Die Makrosporenmutterzelle vergrößert sich in der Folge stark, wodurch die umgebenden Nuzelluszellen gedehnt werden; diese beginnen während der nun folgenden Meiose zu degenerieren und werden durch die sich vergrößernde Makrosporenmutterzelle bzw. die Dyadenzellen zusammengedrückt, insbesondere an der Nuzellusspitze, wo sie nach erfolgter Tetradenbildung meist völlig zerquetscht sind (Abb. 21, *IV*). Nur ihre Kerne sind noch längere Zeit als stark anfärbbare langgestreckte Körperchen zu sehen (Abb. 22, *III—VII*). Die beiden basalen Nuzelluslagen bleiben in der Regel erhalten und sind noch um den reifen Embryosack vorhanden (Abb. 22, *V* und *VII*). In diesem Stadium ist der mikropylare Anteil des Embryosackes nur von der Außenwand der Nuzelluszellen bedeckt und liegt dem Integument an.

Die Makrosporen sind in der Regel serial (Abb. 21, *IV*; 22, *IV*), nur gelegentlich T-förmig angeordnet (Abb. 22, *III*). Weitere Teilungsschnitte der mikropylaren Tetradenzellen, wie sie PALM (S. 57) angibt, konnten im vorliegenden Material nicht beobachtet werden. In einem Fall wurde abnormerweise die Wand der ersten meiotischen Teilung, die zur Dyadenbildung führt, parallel zur Längsrichtung des Nuzellus gezogen. Stets wird die wesentlich größere chalazale Tetradenzelle zum monosporischen Embryosack. Ihr Kern, der primäre Embryosackkern, macht nun die weiteren Teilungen durch, d.h., der reife Embryosack ist das Resultat dreier Kernteilungsabläufe, die zwei übereinanderliegende Kernquartette ergeben. Drei Kerne des oberen Quartetts bilden den Eiapparat und der vierte einen der beiden Polkerne, das untere Quartett stellt den zweiten Polkern und die drei Antipoden. Die Entwicklung des Embryosacks erfolgt also nach dem *Polygonum*-Typ. Der fertile Embryosack (Abb. 22, *V—VII*) besteht zuletzt aus zwei Synergiden, deren Kerne meist oberhalb einer Vakuole liegen, der stark vergrößerten und mit großer mikropylarer Vakuole versehenen Eizelle, sowie zwei Polkernen, die vor der Befruchtung verschmelzen, wie aus der Zweizahl der Nukleolen des dann in der Einzahl vorhandenen, primären Endospermkerns zu schließen ist. Chalazal

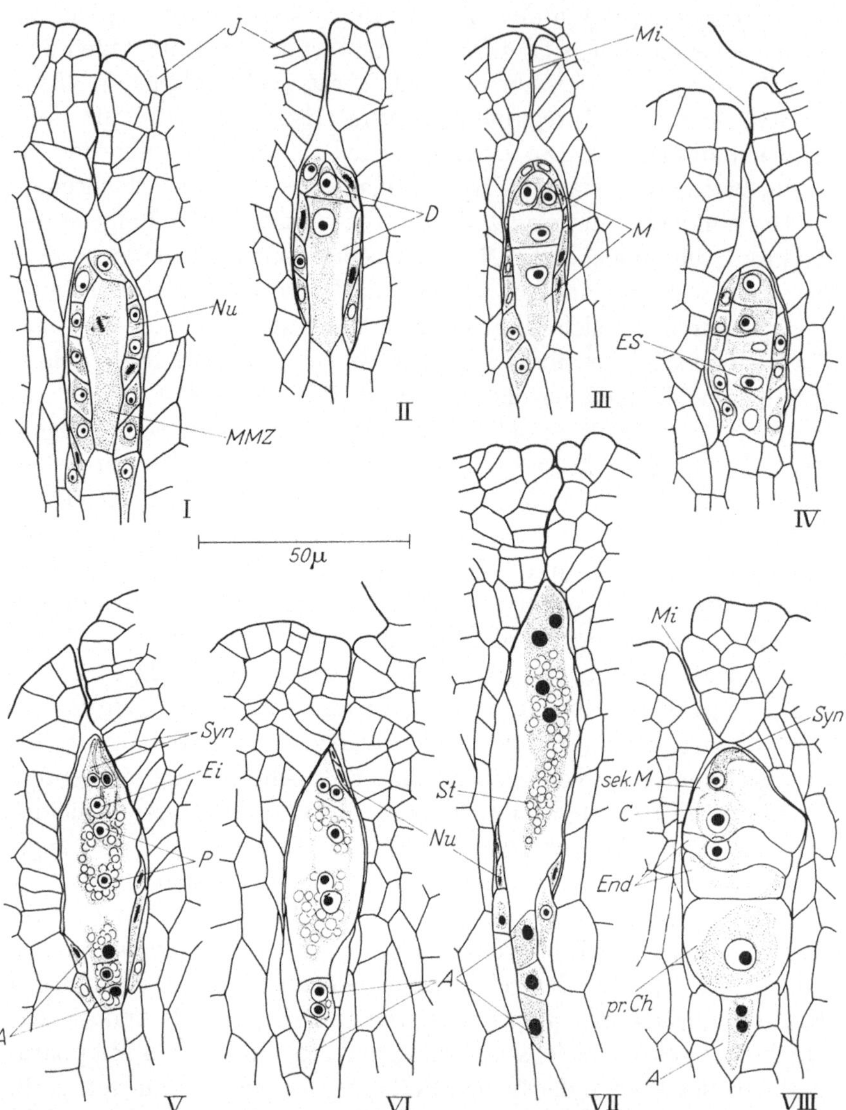

Abb. 22. Embryosackentwicklung (*I—VII*) und Endospermbildung (*VIII*) bei *H. goudo-tiana*; *I* Meiose I der Makrosporenmutterzelle; *II* Dyaden, *III* T-förmige und *IV* seriale Anordnung der Makrosporentetrade, deren chalazale Makrospore sich zu dem 2-kernigen Embryosack weiterentwickelt hat; *V* 8-kerniger Embryosack; *VI* und *VII* reife stärke-haltige Embryosäcke; in *VI* ist die Wandbildung zwischen zwei Antipodenzellen unter-blieben; (*VII* im mikropylaren Abschnitt des Embryosackes sind die Zellgrenzen infolge unzureichender Fixierung nicht sichtbar); *VIII* junges Endosperm, in primäre chalazale sowie sekundäre mikropylare Zelle und eigentliches Endosperm gegliedert. *A* Antipoden; *D* Dyadenzellen; *Ei* Eizelle; *End* Endosperm; *ES* Embryosack; *I* Integument; *M* Makro-spore; *MMZ* Makrosporenmutterzelle; *Mi* Mikropyle; *Nu* Nuzellus; *P* Polkern; *pr. Ch* primäre chalazale Zelle; *sek. M* sekundäre mikropylare Zelle; *St* Stärke; *Syn* Synergide; *TZ* Tetradenzelle

liegen, von den umgebenden Nuzelluszellen eingeengt, meist übereinander die drei kleinen Antipodenzellen. In der Regel sind sie durch je eine Wand getrennt, bisweilen aber unterbleibt die Bildung einer der Wände, so daß dann zwei Kerne nebeneinander oder übereinander in einer Zelle liegen. Die Antipodenkerne selbst sind kleiner als die übrigen des Embryosacks und werden oft frühzeitig pygnotisch. Sie sind jedoch immer bis zu ihrer Auflösung durch das gegen die Chalaza zu vordringende Endosperm gut zu beobachten. Antipoden, Eizelle und der übrige Embryosack — mit Ausnahme der Synergiden — sind dicht mit Stärke angefüllt.

Die Befruchtung der Eizelle und des primären Endospermkerns konnte im einzelnen nicht verfolgt werden, doch waren Teile von Pollenschläuchen in der Plazenta und besonders im Funikulus festzustellen, so daß man wohl Porogamie annehmen kann, welche auch bei dem anatropen Bau der Samenanlage zu erwarten ist. Die Embryobildung scheint immer an den Vorgang der Sexualität gebunden zu sein, denn es konnten niemals irgendwelche Formen von Agamospermie festgestellt werden. Zudem findet man in demselben Fruchtknoten verschieden weit entwickelte Embryonen neben unbefruchteten Embryosäcken, ein Verhalten, das zumindest bei obligat apomiktischer Fortpflanzung nicht auftreten würde.

Entwicklung des Endosperms. Der Entwicklung des Embryos eilt die Endospermbildung voraus (Abb. 22, *VIII*). Die erste Teilung des sekundären Endospermkernes verläuft quer und teilt den Embryosack in zwei annähernd gleich große Hälften. Der Kern der unteren Tochterzelle teilt sich zunächst und wohl auch fernerhin nicht[5]. Sie kugelt sich ab und bleibt einkernig. In der oberen Tochterzelle, der primären mikropylaren Zelle, erfolgt eine weitere Querteilung. Sie führt zu zwei übereinanderliegenden Zellen, deren oberste, die sekundäre mikropylare Zelle, sich seitlich auf Kosten des mikropylaren Integumentteiles stark vergrößert, in die Mikropyle hineindringt und mannigfaltige Divertikel und Fortsätze bildet. Ohne Zweifel liegt hier ein mikropylares Endospermhaustorium vor.

Das Endosperm gliedert sich also seiner Entwicklung nach in drei Abschnitte: Chalazal (Abb. 24, *II*) befindet sich die halbkugelige Zelle, die durch die erste Teilung des Endosperms entstanden ist und als Basalzelle (SCHNARF, 1912) bezeichnet werden kann (Abb. 23; Abb. 24, *I—V*). Anschließend folgt die zentrale

---

[5] Diesbezügliche Stadien wurden nur zweimal gesehen.

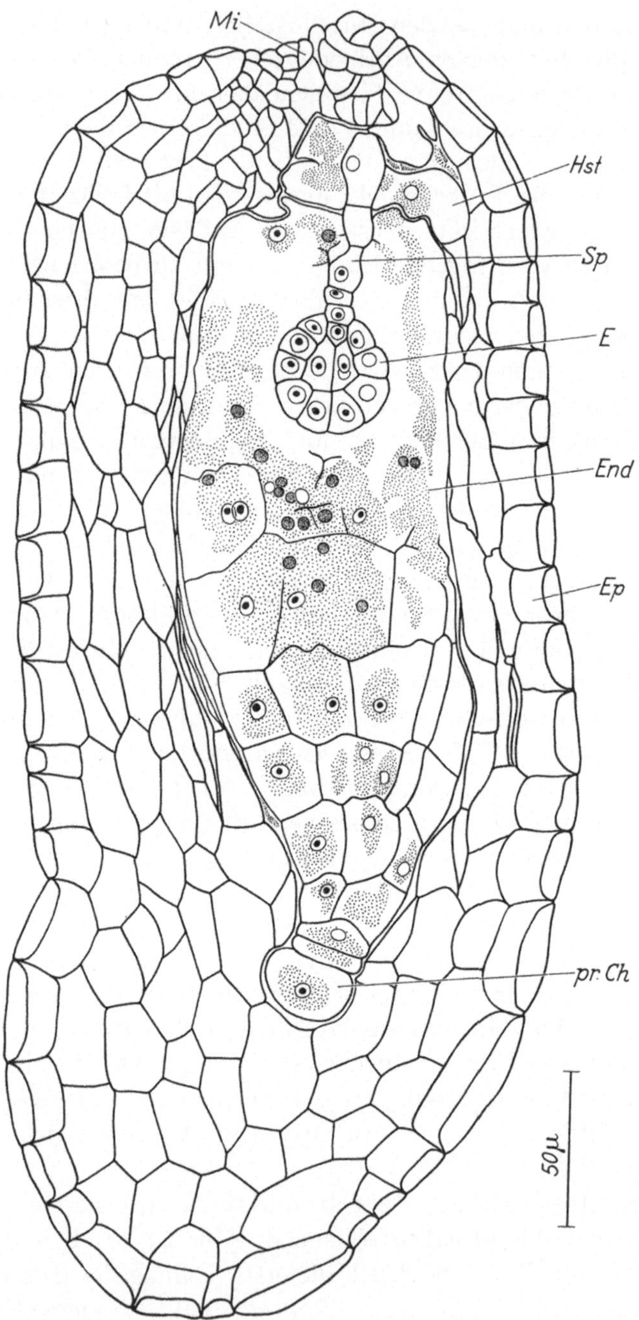

Abb. 23. Befruchtete Samenanlage von *H. goudotiana* mit Embryo, jungem Endosperm und mikropylarem Endospermhaustorium. *E* Embryo; *End* Endosperm; *Ep* Epidermis; *Hst* Haustorium; *pr. Ch* primäre chalazale Zelle; *Mi* Mikropylarregion; *Sp* Suspensor

Endospermzelle, welche die untere Tochterzelle der primären mikropylaren Zelle darstellt (Abb. 24, *II—III*). Die obere Tochterzelle (= sekundäre mikropylare Zelle) wird zum Haustorium, das gegen das übrige Endosperm durch eine ziemlich kräftige Wand abge-

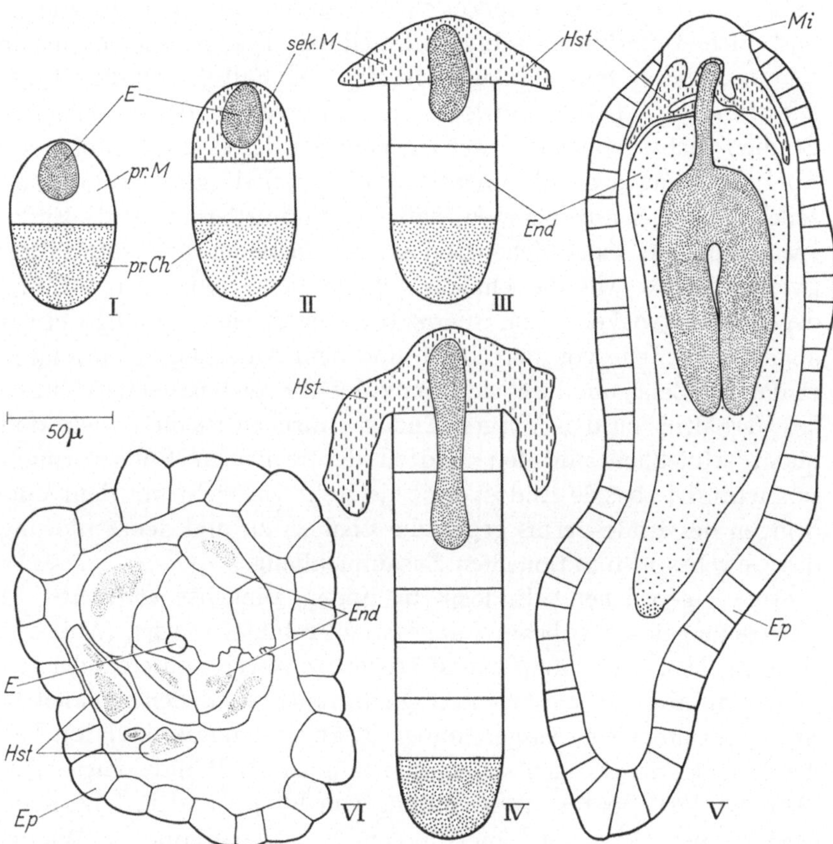

Abb. 24. Endospermbildung bei *H. goudotiana*; *I—IV* schematische Darstellung der Endospermentwicklung; *V* halbschematischer Längsschnitt durch einen jungen Samen; *VI* Querschnitt durch den mikropylaren Teil einer befruchteten Samenanlage mit Embryo (Suspensor), Endosperm und Anschnitten des mikropylaren Endospermhaustoriums. *E* Embryo eng punktiert; *pr. Ch* primäre chalazale Zelle punktiert; *pr. M* primäre mikropylare Zelle, *sek. M* sekundäre mikropylare Zelle (gestrichelt), die zu dem Haustorium *Hst* (gestrichelt) wird; *End* Endosperm (in *V* weit punktiert); *Ep* Epidermis; *Mi* Mikropylarregion

gliedert ist. Abkammerungen innerhalb des Haustoriums durch Zellulosebalken, wie PALM (S. 65) angibt, konnten nicht nachgewiesen werden. In das Haustorium ragt der basale Teil des Proembryos bzw. des Suspensors, meist mit ein bis zwei Zellen hinein. Das Haustorium enthält mehrere Kerne (nach PALM 12—20), die oft beieinander liegen; sie sind größer als die des übrigen Endo-

sperms. Die Frage nach ihrem Ploidiegrad konnte leider nicht
weiter verfolgt werden, weil hier, wie in der gesamten Samenanlage, keinerlei Teilungsfiguren zu finden waren.

Die zentrale Endospermzelle macht sofort eine weitere Querteilung durch, das Endosperm entwickelt sich also von Anfang an
und auch weiterhin ausschließlich zellulär. Dies ist im übrigen in
tenuinuzellaten Samenanlagen häufig der Fall (SCHNARF, 1921;
WUNDERLICH, 1959). Obwohl die unmittelbar darauffolgenden
Stadien nicht beobachtet werden konnten, ist es doch infolge der
Spezialisierung der mikropylaren und der chalazalen Endospermzellen als sicher anzunehmen, daß nur die mittlere zentrale Endospermzelle das eigentliche Endosperm ausbildet und die mikropylare, ebenso wie die chalazale Zelle keine Teilungen erfährt,
denn das entwickelte Endosperm trägt basal eine auffällige etwas
abgekugelte Zelle von der Größe und dem Aussehen der primären
chalazalen Zelle, um die es sich hier zweifellos auch handelt (Abb.23).
Im Verhältnis zu den übrigen Endospermzellen ist diese klein und
bildet schließlich nur den Endteil des zentralen Endospermab-
schnittes. Die basale Endospermzelle steht vielleicht mit dem Vor-
dringen des Endosperms gegen die Chalaza zu und der Auflösung
des Gewebes in funktionellem Zusammenhang.

Im „eigentlichen" Endosperm finden zunächst etwa 10—12
Querteilungen statt, bevor Längswände gebildet werden (Abb. 23;
Abb. 24, *IV*). Die Längswände stehen senkrecht aufeinander, so
daß im mikropylaren Bereich im Querschnitt vier Zellen den kleinen
Suspensor umgeben. Ausgenommen im äußersten mikropylaren Teil
des Endosperms werden sonst auch tangentiale Wände eingezogen
(Abb. 24, *VI*). Später, nach Bildung von Längswänden, folgt auch
wieder eine solche von Querwänden. Schräg verlaufende Wände
wurden nicht gefunden. In den zwei bis drei untersten, chalazalen
Zellen werden keine Längs- und wohl auch keine Querwände mehr
gebildet (Abb. 23). Auch vergrößern sich diese Zellen nur wenig im
Gegensatz zu den übrigen Endospermzellen.

Im Zuge der allmählichen Vergrößerung des Endosperms schiebt
sich dieses basal bis fast an das Ende der Chalaza vor. Das Endosperm gewinnt zunächst an Länge, später erst verbreitert es sich
stark, wodurch die Integumentzellen schließlich bis auf die Epidermis zusammengedrückt werden. Zuletzt wird das stärkehaltige
Endosperm seinerseits wieder vom Embryo bis auf geringe Reste
verdrängt, so daß bei *Hydrostachys* nur ein transitorisches Endo-

sperm vorhanden ist (Abb. 19, *I, II*). Neben der Ernährung des Embryos besteht die Hauptaufgabe des Endosperms darin, durch Verdrängung und Auflösung des chalazalen Gewebes und des Integumentes den Raum zu schaffen, in den später der reifende Embryo hineinwächst.

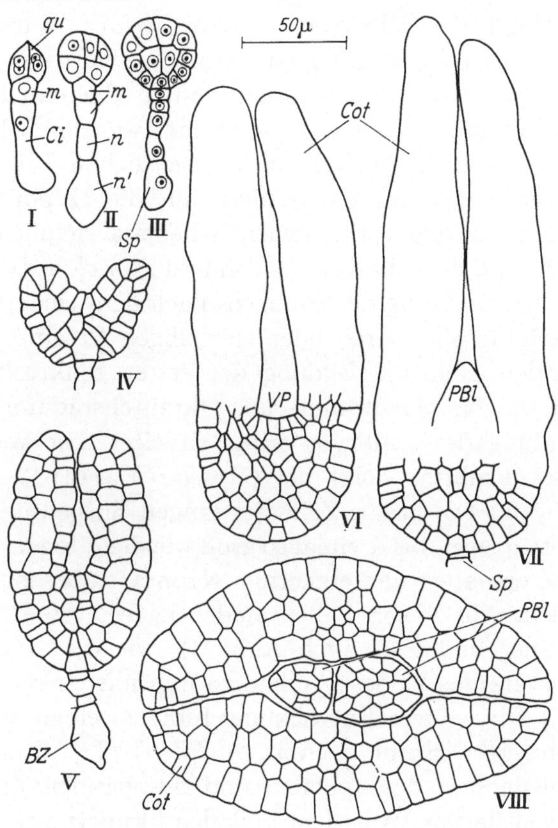

Abb. 25. Embryoentwicklung von *H. goudotiana*; *I—VII* Längsschnitt durch verschieden alte Embryonen; *VIII* Querschnitt durch einen Embryo aus einem fast reifen Samen, die beiden Cotyledonen und die zwei Primärblätter zeigend. *BZ* Basalzelle; *Cot* Cotyledonen; *PBl* Primärblatt; *Sp* Suspensor; *VP* Vegetationspunkt

Die Entwicklung des Embryos. Die erste Teilung der Zygote, eine Querteilung, bildet eine apikale und eine basale Zelle. Die zwei nächstfolgenden Teilungsschritte, die zu einem drei- bzw. vierzelligen Proembryo führen (Abb. 25, *I*), konnten nicht beobachtet werden, so daß über die Herkunft der basalen Proembryozellreihe keine Unterlagen existieren. Mit ziemlicher Sicherheit stammen die Suspensorzellen von der Basalzelle *cb* ab. Diese bleibt hier nicht ungeteilt, wie dies bei Ausbildung eines Suspensorhaustoriums in der Art von *Sagina* beispielsweise (SOUÈGES, 1922, 1924; vgl. auch SCHNARF, 1929; JOHANSEN, 1950) der Fall ist, denn bei *Hydrostachys* kommt kein derartiges Suspensorhaustorium zur Entwicklung. Fraglich ist zunächst die Herkunft der obersten Suspensorzelle (*m*), welche, falls die Entwicklung nach dem Solanaceen-Typ (s. unten) erfolgt, der Zelle *ca* entstammen würde. Entwickelt sich der Embryo aber nach dem Onagraceen-Typ, würde sie sich ebenfalls wie die anderen Suspensorzellen von *cb* ableiten. Da nun die weiteren Abkömmlinge der Zelle *m* nicht (wie die Zellage *l'* des Solanaceen-Typs) zum Aufbau eines wesentlichen Teiles der Embryokugel verwendet werden, sondern nur die Hypophysenzellen stellen, ist es nach den vorhandenen Schemata ziemlich gesichert, daß sich die Zelle *m* nicht von *ca*, sondern von *cb* herleitet. Somit verläuft die Entwicklung des Embryos nach dem Onagraceen-Typ. Nach Entstehung eines drei- oder vierzelligen Proembryos erfolgt in der apikalen Zelle die Bildung der ersten senkrechten Wand (Abb. 25, *I*), die das Quadranten- und Oktantenstadium und damit die Entwicklung des Embryos selbst einleitet. Die weitere Entwicklung des Embryos folgt der *Capsella*-Variante des Onagraceen-Typs: Die basale Zelle des langen Suspensors (Abb. 25, *III*, *V*) ist etwa zwei- bis dreimal so groß wie die übrigen Suspensorzellen, blasig erweitert und einkernig. Niemals aber ist sie — und dies konnte in sehr vielen Fällen eindeutig festgestellt werden — haustoriell ausgebildet (s. auch Abb. 23), wie dies PALM angibt. (Er verwechselte das Endospermhaustorium mit einem Suspensorhaustorium.) Die weitere Entwicklung führt zu einem gegliederten und differenzierten Embryo (Abb. 25, *IV—VIII*). Zunächst tritt eine Verschiedenheit des apikalen und des basalen Zellquartetts der Keimkugel hervor. Aus dem apikalen formiert sich die Initialzone des Keimlings sowie die oberseitige Epidermis der Cotyledonen, während die übrigen Zellschichten der Keimblätter und das Hypokotyl aus dem basalen Zellquartett hervorgehen. Die Hypophysenzelle, die in den Embryo kegelförmig hineinragt, teilt sich zunächst quer, so daß zwei übereinanderliegende Zellen den Embryo gegen den Suspensor abgrenzen. Später erfolgen in der oberen Zelle zwei senkrecht aufeinanderstehende Längsteilungen. Die so aus der Hypophyse entstandene Zellgruppe bildet im wesentlichen den Wurzelpol des Keimlings.

Der Embryo vergrößert sich in der Folge auf Kosten des Endosperms, das von ihm bis auf geringe Reste verbraucht wird (Abb. 19,

II). Die Kotyledonen sind lang, dünn und blattartig — sie sind nur 3—4 Zellschichten dick — und enthalten wie die übrigen Teile des Embryos nur wenig Stärke. Der Suspensor und die Hypophysenzelle bzw. deren Abkömmlinge dagegen sind anfangs reichlich mit Stärke angefüllt. Im reifen Samen sind also nur wenig Reservestoffe vorhanden, aus denen der Keimling während und nach seiner Keimung Nahrungsstoffe beziehen kann. Die junge Pflanze ist daher sofort auf Assimilation angewiesen. Dem entspricht auch die Gliederung des Embryos und die Anlegung der Primordien der ersten beiden Primärblätter noch im Laufe der Embryonalentwicklung (Abb. 25, *VII—VIII*).

Der Vegetationspunkt (Abb. 25, *VI*) ist flach und besteht aus einer Lage meristematischer Zellen; die mittleren haben bereits je eine perikline Teilung durchgemacht. Da cytologische Differenzierungen innerhalb des Meristems hier wie auch an den Vegetationspunkten zahlreicher Dikotyledonenembryonen (s. SENGHAS, 1957) nicht nachzuweisen sind, ist es angebracht, das gesamte Scheitelmeristem in diesem Entwicklungsstadium als Initialzone aufzufassen.

Die Anlage einer Radikula wurde bei keinem der ältesten zur Verfügung stehenden Embryonen beobachtet (Abb. 25, *VII*; Abb. 19, *I*). Die Keimung selbst und die ersten Entwicklungsstadien des Keimlings konnten mangels keimungsfähiger Samen nicht verfolgt werden, und deshalb konnte auch der interessanten Frage nach Art der Radikation bei *Hydrostachys* nicht nachgegangen werden (vgl. S. 17).

Der Samen. Die Samen sind sehr klein, etwa $^1/_2$ mm lang und $^1/_4$ mm breit. Sie enthalten den Embryo, der fast den ganzen Samen ausfüllt, und unbedeutende Reste des Endosperms und des Integument- bzw. Chalaza- und Mikropylargewebes, das letztere durchsetzt von den Divertikeln des Endospermhaustoriums (Abb. 19, *I*). Die Außenepidermis des Integuments ist kräftig entwickelt und stellt die Samenschale dar. Auch der mechanische Schutz beruht allein auf der Ausbildungsart der Epidermis: Ihre Zellen besitzen eine stark verdickte Außenwand, die fast so breit wie das Zellumen selbst ist (Abb. 23). Die Radial- und Tangentialwände sind ebenfalls etwas verdickt. Bei allen untersuchten *Hydrostachys*-Arten färbt sich die Epidermisaußenwand stark mit Rutheniumrot an, was auf das Vorhandensein von Pektinen hinweist. Läßt man Samen in Wasser aufquellen, so umgeben sie sich mit einer Schleimhülle, die an der Mikropyle am dicksten ist (Abb. 19, *II*). Das dadurch ermöglichte Festhaften der Samen an der Unterlage konnte gut beobachtet werden. Hieraus ist zu schließen, daß die Samen am natürlichen Standort in gleicher Weise auch an Gesteinsbrocken angeheftet werden. Die rotbraune Farbe des Samens wird durch Einlagerung von Gerbstoffen in den Epidermiszellen hervorgerufen. Diese füllen das Lumen homogen aus, finden sich aber auch häufig in Entmischungskugeln oder krümeligen Konglomerationen, so besonders in jüngeren, noch unbefruchteten Samenanlagen.

2. Entwicklung und Bau des männlichen Gametophyten

Über die Entwicklung des männlichen Gametophyten von *Hydrostachys* liegen in der Literatur keine detaillierten Angaben vor[6]. Alle untersuchten *Hydrostachys*-Arten verhalten sich hierin gleich. Obwohl nur von *H. goudotiana* und *H. distichophylla* eine vollständige Entwicklungsfolge vorliegt, kann dies auf Grund der etwas lückenhaften Untersuchungen der anderen genannten Arten angenommen werden, da völlig gleichartige Ergebnisse erhalten wurden. An Querschnitten durch junge, aber bereits getrennte Theken (Abb. 26, *I*) findet man abaxial in der subepidermalen Zellschicht zwei Orte vermehrter Teilungstätigkeit, die die Entwicklung der beiden späteren Pollensäcke einleiten. Die erste und zwar perikline Teilung der subepidermalen Zellen oder primären Archesporzellen führt zu je einer äußeren, parietalen Zelle und einer sekundären Archesporzelle. Aus der parietalen Zelle bilden sich durch drei perikline Wände vier Zellen in der Weise, daß sich beide Tochterzellen der parietalen Zellep eriklin teilen (Abb. 26, *II—IV*). Die Wandschichtenbildung des Loculus erfolgt also zentripetal und zentrifugal zugleich. Das Tapetum bildet sich aus der innersten der vier Abkömmlinge der parietalen Zellschicht; die äußerste subepidermale Zellage wird zum Endothezium, während die beiden mittleren Wandschichten im Laufe der Pollenbildung zusammengedrückt werden. Im sekundären Archespor finden zahlreiche ungerichtete Teilungen statt, wodurch schließlich ein zylindrischer Strang von Pollenmutterzellen entsteht (Abb. 27, *I*). Er wird umgeben von einer einzelligen Tapetumschicht.

Während der frühen Prophase der ersten meiotischen Teilung der Pollenmutterzellen findet in den Tapetumzellen eine und zwar

---

[6] WARMING (1891a) bildet Tetradenpollen und eine wenig differenzierte, vielleicht plasmodiale Tapetumschicht ab.

die einzige Mitose statt (Abb. 28, *I*). Die Lage der Teilungsspindel ist nicht fixiert, so daß die Kerne radial und tangential nebeneinander liegen in Übereinstimmung mit der quadratischen Form der Tapetumzellen. Immer sind zwei Kerne deutlich getrennt zu er-

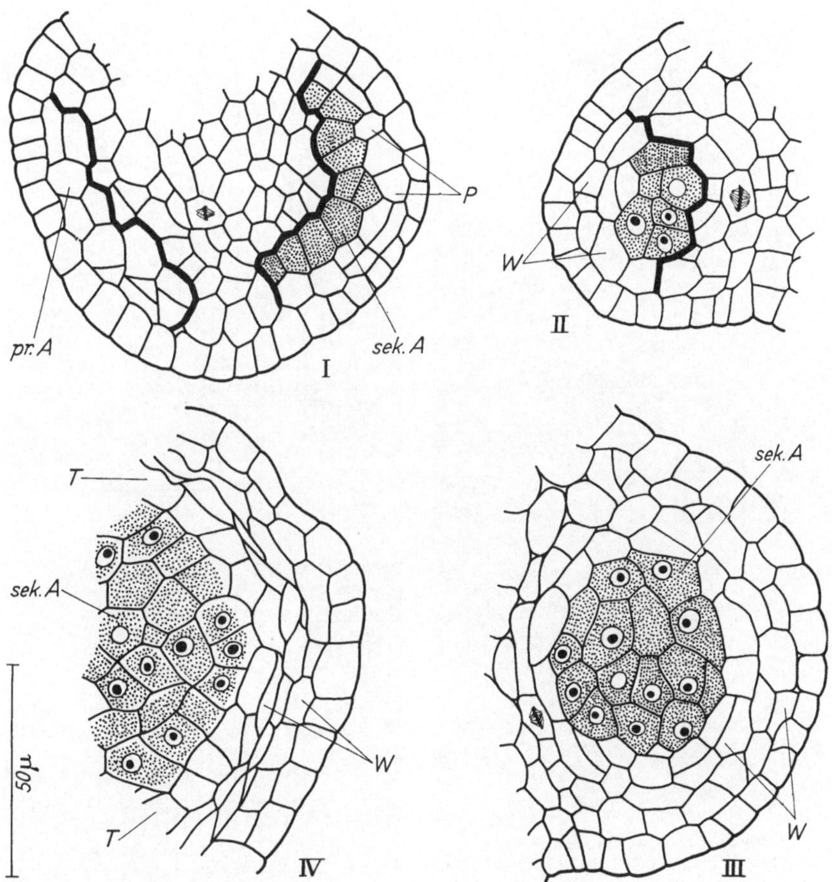

Abb. 26. Entwicklung des Mikrosporangiums von *Hydrostachys goudotiana*; *I* Querschnitt durch eine junge Theka; *II—IV* Querschnitte durch verschieden alte Pollensäcke (Umgrenzung des Loculus in *I* und *II* dick ausgezogen): Bildung des sekundären Archespors *sek. A* sowie der Wandschichten *W* und des Tapetums *T* aus der subepidermalen Zellage *pr. A*; *P* parietale Zelle

kennen (Abb. 27 und Abb. 28, *II*). Weitere Gestaltsveränderungen machen die Tapetumzellen nicht durch, es handelt sich hier also um ein Sekretionstapetum mit zwei vermutlich diploiden Kernen.

Die Teilung der Pollenmutterzellen erfolgt simultan, d.h. erst nach Vollendung der 2. meiotischen Kernteilung werden unter

Spindel- und Phragmoplastenbildung zwischen allen 4 telophasi-
schen Kernen Zellwände eingezogen (Abb. 28, *II*). Je nach der Lage

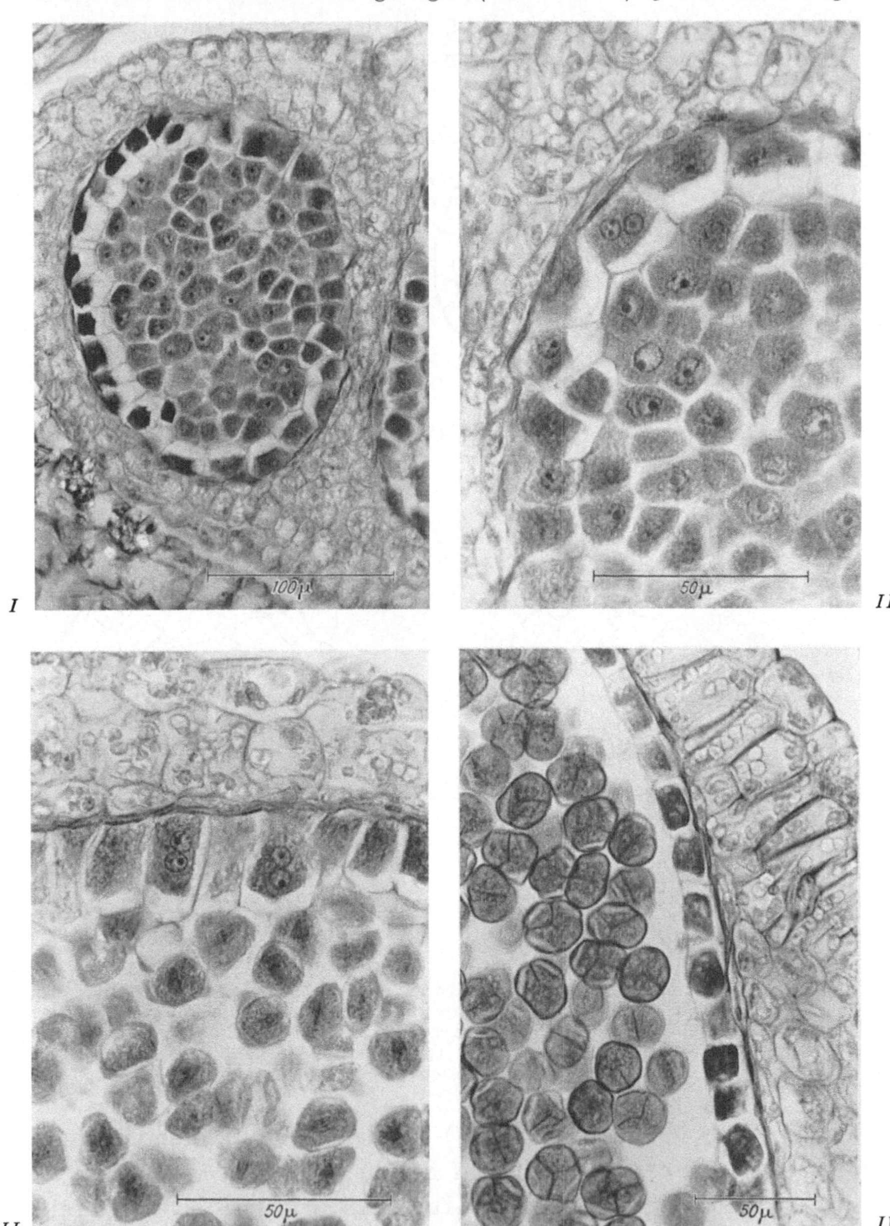

Abb. 27. Pollenbildung bei *Hydrostachys goudotiana*; *I* Querschnitt durch den Loculus
während der 1. meiotischen Prophase der Pollenmutterzellen; *II* Ausschnitt aus *I*, die
beiden Kerne in den Tapetenzellen zeigend; *III* Meiose (Metaphase I) der
Pollenmutterzellen; *IV* Tetradenpollen kurz nach der 1. Pollenmitose

der Teilungsspindeln, die schräg nebeneinander liegen oder mehr
oder weniger senkrecht aufeinander stehen können, kommt es später
zu rhomboedrischen oder tetraedrischen Pollentetraden (Abb. 28,
III—IV). Im Laufe der weiteren Entwicklung trennen sich die
Mikrosporen nicht voneinander, sondern bleiben zu Tetraden vereinigt (Abb. 27, *IV*; Abb. 29, *V*).

Nach der Tetradenbildung vergrößern sich die Mikrosporen zunächst etwas, und auch die Bildung der Sklerine setzt ein. Sie ist
vor der ersten Pollenmitose lichtmikroskopisch als ein dünnes Häut-

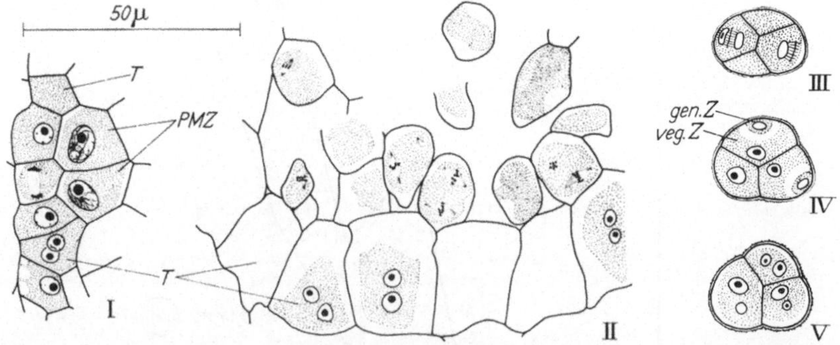

Abb. 28. Pollenbildung bei *Hydrostachys goudotiana*; *I* Mitose in den Tapetenzellen *T*
während der Prophase der 1. meiotischen Teilung der Pollenmutterzellen (*PMZ*). Anordnung der Spindel und Kerne tangential; *II* simultane Pollenbildung (Metaphase II);
radiale Anordnung der Kerne in den Tapetenzellen; *III—V* weitere Entwicklung des
Tetradenpollens; *III* 1. Pollenmitose und Abscheidung der generativen Zellen (*gen. Z*)
gegen den distalen Pol (rhomboedrische Tetradenanordnung); *IV* junger 2-zelliger Pollen
(tetraedrische Anordnung); *V* reifer 2-zelliger Pollen. *veg. Z* vegetative Zelle

chen sichtbar. Wachstum der Pollenkörner und Sklerinebildung
werden jedoch durch die Pollenmitose unterbrochen. Vor Eintritt
der Mitose wandert der Kern an den distalen Pol der Tetradenzelle.
Eine Vakuole zwischen Kern und dem proximalen Zellpol ist nicht
vorhanden. Die linsenförmige generative Zelle wird gegen den distalen Pol zu abgeschieden (Abb. 27, *IV* und Abb. 28, *IV*). Diese Anordnung der Zellen im jungen zweizelligen Pollen ist bei *Hydrostachys*, wie zu erwarten (vgl. GEITLER, 1935), konstant. Noch vor
Abschluß des Pollenkornwachstums erfolgt die „Einwanderung"
der generativen Zelle in die vegetative Zelle (Abb. 28, *V*). Im reifen
Zustand ist der Pollen zweizellig. Nach Abschluß der ersten
Pollenmitose geht die Sklerinebildung und das unterbrochene
Wachstum des Pollenkorns weiter, bis die Tetrade etwa doppelt
so groß wie die Pollenmutterzelle ist (nach ERDTMAN 23—28 μ).
Jetzt zeigt die ganze Tetradenoberfläche eine feine gleichmäßige
Stratifikation.

Den charakteristischen, in zwei Etappen erfolgenden Wachs-
tumsverlauf der Pollentetrade zeigt Abb. 29. Diese Art der Pollenentwicklung wird nach Wulff (1939) als *Triglochin*-Typ bezeichnet.
Er kommt selten und nur bei einigen Gruppen innerhalb der *Helo-*

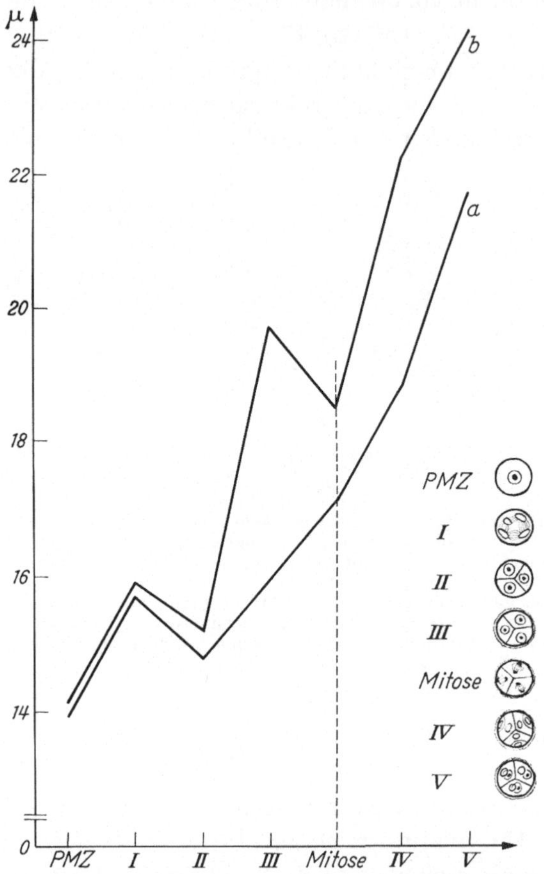

Abb. 29. Diagramm des Wachstumsverlaufs der jungen Pollenkörner von
H. distichophylla (a) und *H. goudotiana* (b)

biae und der *Ranales* vor. Bei der Mehrzahl der Dikotylen und
Monokotylen hingegen findet zuerst das Pollenkornwachstum und
die Sklerinebildung statt und dann erst erfolgt die erste Pollenmitose
(Normal-Typ) oder aber umgekehrt, wie beim *Juncus*-Typ.

Palynologie. An die embryologischen seien hier noch die palynologischen Befunde angefügt, die auf Grund der Untersuchungen
von Erdtman (1952 und unveröffentlichte Angaben) vorliegen und
zwar von *Hydrostachys verruculosa*, *H. distichophylla*, *H. hilde-*

brandtii, H. multifida, H. goudotiana, H. imbricata, H. stolonifera und außerdem von zwei afrikanische Arten, *H. insignis* und *H. inaequalis*. Die genannten madagassischen *Hydrostachys*-Arten besitzen Pollenkörner ohne Aperturen oder mit dünnen leptoma-artigen Bezirken. Die Exine ist 1 µ dick oder dünner und mit kleinen, dornenartigen Fortsätzen besetzt (ERDTMAN, 1964 brieflich), die wie bei *H. verruculosa* LO-Musterung zeigen. Interessanterweise besitzen die beiden angeführten, hier sonst nicht untersuchten afrikanischen Arten keine leptoma-artigen Bezirke. Außerdem sind bei *H. inaequalis* die LO-Musterung sehr schwach und bei *H. insignis* die Exinehöckerchen weniger dicht angeordnet als bei anderen Arten. Die afrikanischen *Hydrostachys*-Arten verhalten sich also palynologisch etwas anders.

VI. Diskussion über die embryologischen Ergebnisse

Nach PALM enthält das mikropylare Haustorium zahlreiche Kerne, aber keine Zellwände. Er beschreibt jedoch unregelmäßige „Abbalkungen" im Haustorium, die er mit den Zellulosebalken in den Haustorien der Scrophulariaceen vergleicht. Solche Gebilde konnten von uns nirgends gefunden werden, wohl aber ähnlich aussehende „Stränge", die jedoch anderer Herkunft sind. Das Haustorium dringt in das angrenzende Integumentgewebe ein und zerstört es. Dabei werden Teile der Zellwände aufgelöst, während Teile davon noch vorhanden sind. Die unregelmäßig verlaufenden Zellwandreste nun, die beispielsweise in einem Schnittpräparat durch das Haustorium von unten her durchscheinen und dann vielleicht als solche nicht leicht zu erkennen sind, stellen nichts anderes als die „Zelluloseabbalkung" PALMs dar. Wie zellulosehaltige Zellwände färben sie sich ebenfalls mit den entsprechenden Farbstoffen an.

Korrekturbedürftig ist ferner die Auffassung von der Natur des Haustoriums. PALM war der Ansicht, daß der in seinen Abbildungen nur 2- bis 3-zellige Suspensor des jungen Embryos mikropylar an das Haustorium angrenzt, also die Basalzelle ein mächtiges Suspensorhaustorium bildet. Auch in unseren Präparaten fanden sich manchmal Längsschnitte, welche denen, die PALM beschreibt, ähnlich sind und die von ihm vertretene Deutung erlauben würden. Bei Durchmusterung einer sehr großen Anzahl von Schnitten[7], die völlig median durch Embryo und Samenanlage geführt sind, muß man

---

[7] PALM hatte nur wenig Material, nämlich vier Samenanlagen mit Embryonen, zur Verfügung.

dagegen feststellen, daß der Suspensor nicht basal in das Haustorium übergeht. Bei nicht exakt median geführten Schnitten kann die Basalzelle, welche nur etwa doppelt bis dreifach so groß wie die anderen relativ kleinen Suspensorzellen ist, leicht nicht getroffen werden, ohne daß die schräge Schnittführung bemerkbar wäre. In allen untersuchten Schnitten mit intaktem Suspensor aber bestand er aus einer Reihe von 4—6 oder mehr Zellen (je nach Alter des Embryos) und einer etwas größeren basalen Zelle. Diese hat vielleicht nutritive Funktion, ist aber niemals ausgesprochen haustoriell ausgebildet. Vielmehr liegt sie selbst innerhalb des Haustoriums und besitzt nie Auswüchse (vgl. Abb. 24). Deutlich ist zu erkennen, daß Basalzelle und Haustorium nirgendwo in Verbindung miteinander stehen. Bei *Hydrostachys* ist somit ein Suspensorhaustorium nicht vorhanden. Wie gezeigt werden konnte, ist das mikropylare Haustorium dagegen endospermaler Herkunft. Dieses Ergebnis ist von zentraler Bedeutung, denn bisher wurde das Suspensorhaustorium als ein systematisch außerordentlich wichtiges Merkmal der Hydrostachyaceen betrachtet.

Die bisherige Ansicht von Typ und Bau des Endosperms muß ebenfalls revidiert werden. Seine Entwicklung verläuft nicht, wie Palm angibt, nach der *Anona*-Form (s. Schnarf, 1929), denn nicht das gesamte, sondern nur das zentrale Endosperm bildet durch eine Anzahl von Querteilungen eine Reihe serial übereinanderliegender Zellen, die erst später durch Längswände geteilt werden. Vielmehr wird das Endosperm von *Hydrostachys* nach dem *Stachys*-Typ ausgebildet. Die *Anona*-Form des Endosperms war bislang ebenfalls ein systematisch bedeutsames Merkmal.

VII. Die Entwicklungshöhe der Hydrostachyaceen

Der an sich gerechtfertigte Einwand, ob es möglich ist, nach Untersuchung von nur 8 Arten der 25—30 Arten umfassenden Gattung *Hydrostachys* systematische Schlüsse zu ziehen, kann durch die Feststellung entkräftet werden, daß alle bisher untersuchten Arten bis in Einzelheiten hinein sich gleich verhalten. Man darf die Vermutung aussprechen, daß auch die übrigen, von uns nicht untersuchten, habituell ähnlichen Arten ihnen auch in embryologischer Hinsicht ähneln. Da mögliche Abweichungen von dem zur Verfügung stehenden Schema wahrscheinlich nur geringfügig sein dürften, soll versucht werden, auf Grund unserer Ergebnisse systematische Schlußfolgerungen über die Hydrostachyaceen zu ziehen.

Inwiefern können nun das Blütendiagramm und das ziemlich vollständige „embryologische Diagramm" von *Hydrostachys* Aufschluß über die Systematik der Familie geben? Diese Frage gliedert sich in 2 Teile. Der erste umfaßt das Problem der Entwicklungshöhe der Hydrostachyaceen, der zweite enthält das eigentliche systematische Problem. Beide Teile sollen gesondert betrachtet werden, um nicht Merkmale der Entwicklungshöhe mit denen verwandtschaftlicher Beziehungen zu vermischen.

Zur Feststellung der Entwicklungshöhe sind folgende Gesichtspunkte zu berücksichtigen:

1. Die Kenntnis der phylogenetischen Wertigkeit der einzelnen Merkmale.

2. Die Feststellung der Verteilung der verschieden hoch entwickelten Merkmale auf die einzelnen Organe.

3. Die Berücksichtigung der korrelativen Beziehungen der Merkmale untereinander und die Klärung ihrer Zugehörigkeit zu Merkmalskomplexen.

4. Die Art und Richtung, in der eine Entwicklung stattgefunden hat.

Zu 1. Die Merkmale des Blüten- und des „embryologischen Diagramms" lassen sich in bezug auf ihre Entwicklungshöhe in zwei Gruppen einteilen, die in Tabelle 1 dargestellt sind. *Hydrostachys* besitzt demnach etwa ein Drittel ursprüngliche Merkmale gegenüber knapp zwei Drittel spezialisierter. Zwei Merkmale sind hinsichtlich ihrer phylogenetischen Wertigkeit noch ungeklärt oder strittig. Die Gesamtheit des Blüten- und des „embryologischen Diagramms" stellt also eine Ansammlung aus ursprünglichen und abgeleiteten Merkmalen dar, wobei die abgeleiteten zahlenmäßig und — wie später auszuführen sein wird (s. S. 65) — auch qualitativ überwiegen.

Zu 2. Die fertilen, weiblichen Organe weisen nun ihrerseits eine Kombination von ursprünglichen und abgeleiteten Merkmalen auf: Das Pistill ist oberständig (ursprüngliches Merkmal) und parakarp, seine Plazentation somit parietal. Die beiden letzteren Bauweisen sind abgeleitet und eine Weiterentwicklung des seinerseits nicht mehr primitiven synkarpen Baues mit zentralwinkelständiger Plazentation (PURI, 1952). Als weitere Abwandlung des ursprünglichen

Tabelle 1. *Blütenmorphologische und embryologische Merkmale von Hydro-stachys, der Entwicklungshöhe nach geordnet*

I. Ursprüngliche Merkmale

 1. Oberständiges Gynoeceum
 2. Gynoeceum apikal apokarp mit (freien) Stylodien
 3. Anatrope Samenanlagen
 4. Seriale Makrosporentetrade
 5. Monosporischer Embryosack, der sich nach dem *Polygonum*-Typ (= Normal-Typ) entwickelt
 6. Porogamie
 7. Gegliederter Embryo
 8. Vielzelliger Strang männlicher Archesporzellen
 9. Normal-Typ der Tapetumentwicklung (T. parietaler Herkunft)
10. Einschichtiges Sekretionstapetum
11. Simultane Teilung der Pollenmutterzellen
12. Zweizelliger reifer Pollen

II. Abgeleitete Merkmale

A. Merkmale, die im Zusammenhang mit dem Wasserleben stehen:

 1. Anemophilie
 2. Fehlen des Perianths
 3. Diözie
 4. Reduktion der Zahl der fertilen Organe der ♂ und ♀ Blüte — regressive Spezialisierung
 5. Transitorisches Endosperm
 6. Aperturenlosigkeit des Pollens

 7. Stärke im Embryosack
 8. Zahlreiche sehr kleine Samen
 9. Endospermhaustorium — progressive Spezialisierung
10. Extrorser Bau der Anthere
11. Spaltung der Anthere

B. Organisationsmerkmale:

12. Samenanlagen tenuinuzellat — regressive Spezialisierung
13. Samenanlagen unitegmisch

14. Parakarpie und parietale Plazentation
15. Anakrostylie
16. Tetradenpollen — progressive Spezialisierung
17. Lange Chalaza, kurzer Nuzellus
18. 3-teiliges Endosperm mit Endospermhaustorium

C. Merkmale, deren Entwicklungshöhe noch ungeklärt oder strittig ist:

 1. *Triglochin*-Typ der Pollenkornentwicklung
 2. Zelluläres Endosperm

Baues ist die Anakrostylie zu bewerten (s. S. 28). Allerdings handelt es sich hier nicht um den Griffel, sondern um die Stylodien, die etwas unterhalb der Karpellspitze ansitzen, denn das Pistill weist einen apokarpen Bereich auf (ursprüngliches Verhalten). Das Gynoeceum besitzt somit neben ursprünglichen eine Reihe abgeleiteter Baueigentümlichkeiten, die auf eine progressive (Parakarpie und parietale Plazentation, Anakrostylie) und regressive Spezialisierung (Reduktion der Zahl der Karpelle auf zwei) zurückzuführen sind[8]. Das Androeceum ist weit weniger ursprünglich: Neben der Reduktion auf nur ein einziges Staubblatt je Blüte treten sekundäre Wachstumsveränderungen auf. Diese rufen die extrorse Gestalt der ventrifixen Anthere und deren Spaltung in ihre beiden Theken hervor. Dadurch wird ferner die Teilung des Staubblattbündels verursacht. Bei allen diesen Erscheinungen handelt es sich um Abweichungen des ursprünglichen Baues (s. Baum u. Leinfellner, 1953; Trapp, 1956) mit vorwiegend progressiver Spezialisierungstendenz (Ausnahme: Verminderung der Staubblattzahl).

Das „gabelige“ Staubblatt, besonders in Verbindung mit der Spaltung seiner Bündel und dem Auftreten von zwei Blattspursträngen, als eine primitive Erscheinung im Sinne der Telomtheorie zu deuten, wie es u. a. Wilson (1937, 1942) an ähnlichen Beispielen getan hat, ist nicht möglich. Denn danach würde es sich hier um monothezische Antheren handeln[9], da Verminderung der Pollensackzahl innerhalb einer Theka durch Fusion nicht zu bemerken ist. Das Auftreten von monothezischen Antheren ist aber schon deshalb unwahrscheinlich, weil sich Formen mit scheinbar verringerter Pollensackzahl allgemein auf den Typus des Angiospermenstaubblattes mit vier Loculi zurückführen lassen (Trapp, 1956). In Verbindung mit den sonstigen zahlreichen sekundären Veränderungen, welche die männliche *Hydrostachys*-Blüte erfahren hat, ist nicht anzunehmen, daß sich gerade hier ein phylogenetisch so außerordentlich primitives Merkmal (im Sinne der Telomtheorie) erhalten haben sollte. Dies wird beispielsweise von dem ähnlichen Bau der Staubblätter von *Tilia, Ricinus* und der Betulaceen von manchen Vertretern der Telomtheorie (z. B. Zimmermann, 1959; S. 541) auch nicht angenommen.

Im Bau der Samenanlage und in der Entwicklung des weiblichen Gametophyten sind ebenfalls ursprüngliche und zugleich hochspezialisierte Merkmale anzutreffen. Die sehr zahlreichen Samen (nach Netolitzky, 1926, ein abgeleitetes Verhalten) entwickeln sich aus anatropen Samenanlagen (ursprüngliches Verhalten). Dagegen sind

---

[8] Über die Begriffe „progressive“ und „regressive Spezialisierung“ s. Takhtajan 1959.

[9] Dies nimmt merkwürdigerweise auch Warming (1891a, S. 142) an, der vermutet, daß das Staubblatt von *Hydrostachys* in Wirklichkeit aus zwei Blättern besteht.

Merkmale im Feinbau der Samenanlagen — tenuinuzellat, unitegmisch, lange Chalazaregion, kurzer Nuzellus — als abgeleitete Verhaltensweisen festzustellen (NETOLITZKY, 1926; SCHNARF, 1929; MAHESHWARI, 1950; WUNDERLICH, 1959 u. a.). Auch die Ausbildung einer syndermalen Archesporzelle, die keine Deckzelle abscheidet und direkt zur sekundären Archesporzelle wird, ist abgeleitet.

Demgegenüber erfolgt die Bildung des weiblichen Gametophyten normal und weist keine Spezialisierungstendenzen auf: Das Archespor ist einzellig und entwickelt sich nach dem *Polygonum*-Typ (Normal-Typ) zum 8-kernigen Embryosack. Die Befruchtung ist porogam (ursprüngliches Verhalten nach TISCHLER u. WULFF, 1963). Auch der Bau des Embryos ist seiner Gliederung zufolge ursprünglich (JOHANSEN, 1950; SCHNARF, 1929). Eine ziemlich weitreichende Spezialentwicklung hat dagegen das Endosperm erfahren. Ob sein zellulärer Bau selbst als abgeleitet oder primitiv anzusehen ist, steht noch immer zur Diskussion, da einige Autoren das zelluläre Endosperm (WUNDERLICH, 1959, und dort zitierte Literatur), andere das nukleäre Endosperm als primitiv bezeichnen (DAHLGREN, 1924; SCHNARF, 1931; SPORNE, 1954; TAKHTAJAN, 1959; TISCHLER u. WULFF, 1963). Das zelluläre Endosperm kommt bekanntlich vorwiegend in Samenanlagen mit schwachen Nuzelli vor (SCHNARF, 1929; WUNDERLICH, 1959). Nach WUNDERLICH hängt die Art des Endosperms mit dem Bau des Nuzellus, besonders mit den Platzverhältnissen in der Samenanlage zusammen, so daß die häufige Merkmalskoppelung: zelluläres Endosperm und tenuinuzellate Samenanlage auf anatomischen Gründen beruht. Diese Merkmalsverbindung ist demnach als Einheit zu betrachten. Ist auch die Wertigkeit des zellulären Endosperms noch unklar, so ist doch die vorhandene Dreiteilung desselben unmißverständlich abgeleitet, zumal die terminalen Endospermabschnitte eine mehr oder weniger starke Spezialisierung erfahren haben. Dies trifft im besonderen für den mikropylaren haustoriellen Endospermabschnitt zu. Auch der transitorische Charakter des Endosperms, das allein zur Ernährung des Embryos, nicht aber der Keimpflanze dient, ist wohl ein abgeleitetes Verhalten. Wie ein Vergleich nach Tabelle 1 beweist, sind von den als abgeleitet angeführten Merkmalen nur drei, nämlich die Dreigliederung des Endosperms, die Ausbildung zahlreicher Samen und wahrscheinlich auch das Längenverhältnis von Chalaza und Nuzellus, als progressive Spezialisierung zu bezeichnen, während alle anderen abgeleiteten Merkmale Regressionen darstellen.

Auch in der Entwicklung des männlichen Gametophyten sind abgeleitetes und ursprüngliches Verhalten sichtbar. Ursprünglich ist die Ausbildung des vielzelligen Stranges männlicher Archesporzellen, die normale Entwicklung des als Sekretionstapetum fungierenden Tapetums (WUNDERLICH, 1954; STEFFEN u. LANDMANN, 1958; CARNIEL, 1963; TISCHLER u. WULFF, 1963), die Zweizelligkeit des reifen Pollens (SCHÜRHOFF, 1926; SCHNARF, 1938; MEIER, 1953; RUDENKO, 1959), möglicherweise auch die simultane Teilung der Pollenmutterzellen (TISCHLER u. WULFF, 1963). Die weitere Entwicklung des Pollenkorns verläuft nach dem *Triglochin*-Typ, über dessen merkmalsphylogenetische Wertigkeit derzeit noch nichts ausgesagt werden kann (vgl. S. 66 u. Tabelle 1). Abgeleitet ist die Ausbildung von Tetradenpollen sowie der Bau des Sporoderms, das aperturenlos ist und wohl eine Reduktionsform darstellt (vgl. auch ERDTMAN, 1960). Bei den meisten *Hydrostachys*-Arten sind überdies leptomaartige Bezirke vorhanden, die man als rudimentäre Aperturen auffassen kann.

Da alle Organe und Gewebe Spezialisierungen aufweisen, ist dieser Erscheinung qualitativ und phylogenetisch wohl ein größeres Gewicht beizumessen, als dem Noch-Vorhandensein der ursprünglichen Merkmale. Überdies ist das gleichsam relikthafte Auftreten ursprünglicher neben abgeleiteten Eigenschaften recht verbreitet (Heterobathmie nach TAKHTAJAN, 1959). Bei *Hydrostachys* ist es nun möglich, das Erhaltenbleiben einiger ursprünglicher Verhaltensweisen auch ursächlich zu verstehen: In Komplexen sind nämlich abgeleitete und ursprüngliche Merkmale anatomisch oder funktionell gekoppelt.

Zu 3. Im „embryologischen" wie auch im Blütendiagramm sind gewisse Spezialentwicklungen zu erkennen, die einzelne Merkmale, häufig aber Merkmalskomplexe umfassen. Einige von ihnen sind das Ergebnis einer Entwicklungstendenz, die als Adaptation an die extremen ökologischen Bedingungen des Wasserlebens zu deuten ist; andere haben sich davon unabhängig weiterentwickelt und stellen Organisationsmerkmale dar. Auf sie wird bei der Frage nach den verwandtschaftlichen Beziehungen der Hydrostachyaceen naturgemäß unser Hauptaugenmerk zu richten sein, und es ist unten zu diskutieren, ob diese charakteristischen Merkmale vielleicht nicht in einer größeren Gruppe in gleicher Kombination zu finden sind.

a) Als Anpassungsmerkmale an das Wasserleben sind zunächst die zahlreichen winzigen Samen zu nennen, die ihrer feilspanförmigen Gestalt zufolge als abgeleitet gelten. Wie Gessner u. Hammer (1962) zeigten, ist es Samen, die im strömenden Wasser keimen müssen, um so leichter, in die strömungsarme Prandtlsche Grenzschicht über dem Substrat zu geraten und nicht weggespült zu werden, je kleiner sie sind. Dieser Vorteil ist bei *Hydrostachys* auf Kosten des Nährgewebes, das im Samen nur spärlich vorhanden ist, erreicht. Daher ist auch das transitorische Endosperm ein Merkmal, das sich für eine Pflanze des strömenden Wassers als „günstig" erweist. Dies macht seinerseits wieder die Ausbildung eines gegliederten Embryos notwendig, der zu sofortiger Assimilation befähigt ist. Kleinheit der Samen, Reduktion des Endosperms und Gliederung des Embryos bilden also einen Komplex. Durch die funktionelle Korrelation wird die Beibehaltung einer ursprünglichen Entwicklungsweise (gegliederter Embryo) verständlich. Den Merkmalskomplex als Ganzes kann man jedoch seiner Anpassung an die extreme Ökologie des Standorts wegen als abgeleitet bezeichnen.

Auch die Anhäufung von Stärke in Embryosack, Samenanlage und Pistill ist aus den ökologischen Bedingungen, die sich für *Hydrostachys* im Zusammenhang mit dem Wechsel von submerser zu emerser Lebensweise während der Blüte- und Fruchtzeit ergeben, zu verstehen. Da die Ernährung des Embryosackes und des Embryos durch das bereits während der Blütenbildung einsetzende Absterben der Rosettenblätter und die damit eingeschränkte Assimilationstätigkeit nur schlecht gewährleistet ist, muß sich der größte Teil der Nahrungsstoffe bereits in der Blütenregion befinden. Für die Anhäufung von Stärke in Embryosack und Samenanlage gibt es freilich noch andere Deutungsmöglichkeiten. Stärkevorkommen im Embryosack sind häufig (u. a. Dahlgren, 1927) und wurden schon vielfach diskutiert und sowohl als Organisationsmerkmal betrachtet und als Hinweis auf verwandtschaftliche Beziehungen herangezogen (Solereder, 1899; Metcalfe u. Chalk, 1957), als auch auf ökologisch-physiologische Gegebenheiten zurückgeführt. D'Hubert (1896), Juel (1911), Schürhoff (1926) und Dahlgren (1927) glauben, die lange Wartezeit des Embryosackes bis zur Befruchtung für die Stärkeanhäufung verantwortlich machen zu können. Dabei fand der Deutungsversuch Juels, die Stärkeanhäufung auf die relative Inaktiviertheit des Embryosackes während der Wartezeit zurückzuführen, später noch Anhänger (Dahlgren, 1927). Aus ökologischer Sicht wäre diese Deutung insofern möglich, als die Zeit, die zwischen der Ausbildung des Embryosackes und der Befruchtungsmöglichkeit vergeht, in den einzelnen Blüten entsprechend dem Anlegungszeitpunkt verschieden und außerdem von der Höhe des Wasserstandes abhängig ist. Unter Umständen können somit die Embryosäcke wirklich sehr alt werden. Für die Ansicht, daß die Stärkeansammlung weniger eine gerichtete Speicherung als vielmehr eine Materialanhäufung darstellt, spricht auch, daß nicht nur Embryosack, Integument und Chalaza, sondern auch — mit Ausnahme der Plazenta — die Zellen der gesamten Pistillwand mit Stärke vollgestopft sind. Diese Gewebe speichern so viel, daß die Stärke während der Samenreife nicht aufgebraucht wird und sich noch in der Fruchtwand fast reifer Kapseln findet. Unter diesem Gesichtspunkt rückt auch das Endospermhaustorium, das die Stärkereserven ausbeutet, in die Reihe derjenigen Merkmale ein, die innerhalb der bestimmten ökologischen Bedingungen äußerst zweckmäßig und an die spezielle Situation angepaßt erscheinen. Diese Vermutung drängt sich um so mehr auf, als bei den unter ähnlichen ökologischen Bedingungen wachsenden Podostemaceen ebenfalls ein Haustorium vorhanden ist. Da in diesem Fall das Endosperm fehlt, hat die Rolle des Haustoriums der Suspensor übernommen. Möglicherweise handelt es sich bei den Haustorien der beiden Familien um analoge Konvergenzbildungen, hervorgerufen durch gleiche Standortsbedingungen. Stärkespeicherung und Haustorialbildung bei *Hydrostachys* stellen ebenfalls einen Komplex von Merkmalen dar, die in funktioneller Korrelation miteinander stehen.

Das mikropylare Endospermhaustorium bei *Hydrostachys* ist allerdings nicht ein bloßes Anpassungs-, sondern vielmehr auch ein Organisationsmerkmal par excellence (s. S. 89) und dies mit Recht, da Haustorien gleicher Art bei einer größeren Gruppe mit Vertretern ganz anderer ökologischer Ansprüche anzutreffen sind. Nebenbei bemerkt, können nur bereits vorhandene Organisationsmerkmale, besonders bei so extremen ökologischen Spezialisten wie *Hydrostachys*, selektiv wirksam werden und dann als Anpassungsmerkmale sinnvoll sein.

Ein weiteres Merkmal, das möglicherweise in Beziehung zum Wasserleben steht, da es bisher nur von Wasserpflanzen ein und desselben Verwandtschaftskreises bekannt geworden ist, ist die Art der Pollenkornentwicklung nach dem *Triglochin*-Typ. Er stellt einen isolierten Typ der Pollenkornentwicklung und eine intermediäre Form zwischen dem Normaltyp und dem bei Juncaceen und Cyperaceen vorkommenden *Juncus*-Typ dar. Inwieweit die zeitliche Verlegung der Mitose in die Wachstumsperiode des Pollenkorns — wie es beim *Triglochin*-Typ der Fall ist — physiologisch durch das Wasserleben bedingt wird, ist noch unbekannt. Ebenfalls ungeklärt ist, ob die physiologischen Prozesse, die mitoseauslösend wirken, durch ökologische Gegebenheiten beeinflußt werden können (s. Serra, 1955; S. 495). Dadurch ist freilich die merkmalsphylogenetische Wertigkeit des *Triglochin*-Typs unbestimmt.

Charakteristische Wasserpflanzeneigentümlichkeiten sind die Vereinfachung der Blüten, die Diözie und die Anemophilie, die alle miteinander ebenfalls einen Komplex bilden, dessen wesentliche Komponente der Übergang zur Anemophilie ist.

b) Alle weiteren Merkmalkomplexe sind nicht ausschließlich oder unbedingt als „zweckmäßig" in bezug auf das Wasserleben zu betrachten. Soche Organisationsmerkmale sind besonders der Bau des Endosperms (Dreiteilung) und das mikropylare Endospermhaustorium, ferner die Gestalt der Samenanlage und die Entwicklung des weiblichen Gametophyten. Hier liegt eine aus anatomischen Gründen beruhende Kopplung vor, die sich auf den unitegmischen tenuinuzellaten Bau der Samenanlage und das zelluläre Endosperm erstreckt.

Zu 4. Wie die zahlreichen Anpassungen zeigen (Tabelle 1), ist die Entwicklung vor allem in Richtung auf eine spezielle Adaptation an das Wasserleben verlaufen. Kennzeichnend dafür ist die hohe Anzahl an Reduktionsformen und Vereinfachungen (regressive Spezialisierung). Entwicklungslinien sind innerhalb der 8 untersuchten Arten der Gattung bisher nicht festgestellt worden. Mit Grossheim (1945) kann man deshalb mit Recht die Hydrostachyaceen als einen Seitenast der phylogenetischen Entfaltung der Angiospermen auffassen und zu den Opistanthophyta (Grossheim) rechnen. Diese stellen eine Entwicklungsstufe dar, die von reduzierten und „degradierten" Formen repräsentiert wird.

VIII. Über die verwandtschaftlichen Beziehungen zwischen Hydrostachyaceen und Podostemaceen

Die Beantwortung der Frage nach der natürlichen Verwandtschaft der Hydrostachyaceen ist seit jeher auf Schwierigkeiten gestoßen, weil bei ihnen nur wenige blütenmorphologische Merkmale, welche normalerweise verwandtschaftliche Beziehungen am leichtesten anzeigen, zur Verfügung stehen: Die Blüten sind nackt und bestehen nur aus einem einzigen Staubblatt bzw. Pistill; außerdem sind sie diözisch verteilt, so daß man die Stellung der fertilen Blätter in der Blüte zueinander nicht mit zu Rate ziehen kann. Seit WARMING hat man deshalb versucht, andere, vorwiegend embryologische Merkmale zur systematischen Bewertung mit heranzuziehen.

Die meisten Autoren nehmen engere verwandtschaftliche Bindungen der Hydrostachyaceen zu den Podostemaceen an (HALLIER, 1901, 1903, 1905, 1908; PALM, 1915; RENDLE, 1925; SCHÜRHOFF, 1926; HEINTZE, 1927; MAURITZON, 1933, 1939; WETTSTEIN, 1935; GROSSHEIM, 1945; SÓO, 1953; NOVÁK, 1954; BENSON, 1957; VINOGRADOV, 1958; HUTCHINSON, 1959; EMBERGER, 1960), nur wenige wenden sich gegen eine Verwandtschaft der beiden Familien: WARMING (1891, S. 170) sprach als erster den Gedanken aus, daß die Hydrostachyaceen mit den Podostemaceen vielleicht gar nicht nahe verwandt sind. Später vertraten auch ENGLER (1930, 1936), SCHNARF (1931), JANCHEN (1932), PULLE (1937, 1952), LEONHARDT (1951) und ECKARDT (1964) diese Auffassung.

Sofern nicht beide Familien wieder in einer einzigen Familie Podostemaceen vereinigt werden (HALLIER), wird ihre enge Verwandtschaft, im besonderen nach den embryologischen Untersuchungen PALMs (1915), hauptsächlich mit dem Vorhandensein eines Suspensorhaustoriums in beiden Familien begründet (SCHÜRHOFF, 1926; TAKHTAJAN, 1959). MAURITZON (1933, 1939) führt außerdem das zelluläre Endosperm und die tenuinuzellate Ausbildung der Samenanlage bei den Crassulaceen als Beweis für deren Verwandtschaft mit den Hydrostachyaceen und damit aller drei Familien an. Ihnen allen ist, nach seiner Meinung, die Tendenz zur Reduktion des Nuzellus und ferner das Vorhandensein eines Suspensorhaustoriums gemeinsam. Von diesen Gedanken gehen auch WETTSTEIN (1935) und TAKHTAJAN (1959) aus, wobei letzterer außerdem den Bau der vegetativen Organe, die Lebensweise und den Endospermtyp (!) der beiden Familien für ähnlich hält.

Zusammenfassend werden also für eine Verwandtschaft der Hydrostachyaceen mit den Podostemaceen folgende Argumente geltend gemacht:

 a) Tenuinuzellate Samenanlagen.

 b) Suspensorhaustorium.

 c) Gleichartiger Endospermtyp.

d) Ähnlicher Bau der vegetativen Organe.

e) Gleichartige Lebensweise.

f) Verwandtschaft der Hydrostachyaceen mit den Podostemaceen über die Crassulaceen als Bindeglied, wobei für alle drei Familien Suspensorhaustorium und tenuinuzellate Samenanlagen angeführt werden, für Hydrostachyaceen und Crassulaceen außerdem zelluläres Endosperm.

Bevor auf die angeführten Merkmale hinsichtlich ihrer systematischen Bedeutung näher eingegangen werden soll, muß zunächst für *Hydrostachys* das Suspensorhaustorium aus der Liste der oben angeführten Merkmale gestrichen werden (vgl. S. 57!). Bei den Podostemaceen ist dagegen nach Literaturangaben (Warming, 1882; Magnus, 1913; Steude, 1935; Mukkada, 1962) ein Suspensorhaustorium vorhanden. Da dietes bei den Hydrostachyaceen fehlt, wird die Annahme verwandtschaftlicher Beziehungen zwischen ihnen und den Crassulaceen und damit auch mit den Podostemaceen zweifelhaft: Den drei Familien ist nurmehr die tenuinuzellate Ausbildung der Samenanlage gemeinsam, ein recht unspezifisches Merkmal, das allein zur Begründung verwandtschaftlicher Beziehungen nicht ausreicht. Auch können Gemeinsamkeiten mit den Crassulaceen, welche einerseits das Vorhandensein eines Suspensorhaustoriums mit den Podostemaceen, andererseits die Ausbildung von zellulärem Endosperm mit den Hydrostachyaceen verbindet, nicht als Beleg für eine Verwandtschaft der beiden letzteren Familien angesehen werden.

Takhtajan (1959, S. 224) hält den Endospermtyp der Hydrostachyaceen und Podostemaceen für ähnlich. Seine Ansicht dürfte wohl auf einem Mißverständnis der Ausführungen Mauritzons (1933, S. 176) beruhen, welcher das schwache Endosperm bei einigen Crassulaceen als Tendenz zur Reduktion des Endosperms innerhalb dieses Verwandtschaftskreises, dem seiner Meinung nach auch die Podostemaceen und Hydrostachyaceen angehören, auffaßt. Die völlige Reduktion ist dann bei den Podostemaceen erreicht, bei denen nach erfolgter doppelter Befruchtung (*Zeylanidum olivaceum* und *Lawia zeylanica*: Razi, 1955) überhaupt kein Endosperm mehr gebildet wird. Bei den Hydrostachyaceen tritt es ebenfalls nur schwach und transitorisch auf. Dem muß allerdings entgegengehalten werden, daß sich die Podostemaceen durch die vollständige Unterdrückung des Endosperms doch wesentlich von den Hydrostachyaceen unterscheiden, deren Endosperm eine charakteristische

Dreiteilung und überdies Haustorialbildung aufweist. Von der Gleichartigkeit des Endospermtyps in beiden Familien kann sicher keine Rede sein.

Die Ähnlichkeit der vegetativen Organe (TAKHTAJAN) wird wohl hauptsächlich durch die stark zerschlitzten Blätter hervorgerufen, welche außerdem zum Teil noch „Kiemenbüschel" oder Emergenzen tragen. Fein zerteilte Blätter mit starker Oberflächenvergrößerung sind bei submersen flutenden Wasserpflanzen häufig und stellen deshalb kein systematisch verwertbares Kriterium dar.

Der Habitus wird von der Lebensweise bestimmt, die beide Familien allerdings gemeinsam haben. Auch die Anheftungsart und vegetative Vermehrung mit Hilfe von Wurzeln auf dem felsigen Untergrund ist die gleiche. Bei *Hydrostachys* sind die Wurzeln jedoch niemals so stark dorsiventral abgeflacht, wie bei einigen Podostemaceen, noch übernehmen sie eine wesentliche Assimilationsfunktion.

Somit können nach kritischen Betrachtungen nur noch folgende, für eine Verwandtschaft der Hydrostachyaceen mit den Podostemaceen sprechende Merkmale angeführt werden:

a) Tenuinuzellate Samenanlagen bei Hydrostachyaceen und Podostemaceen.

b) Gleiche Lebensweise und damit konvergente Ausbildung der vegetativen Organe und der vegetativen Vermehrung.

Das letzte der beiden umfaßt charakteristische Wasserpflanzenmerkmale, die Hydrostachyaceen und Podostemaceen mit vielen anderen Wasserpflanzen gemeinsam haben. Das erste der beiden Kriterien dagegen ist ein wenig spezifisches und häufig auftretendes Organisationsmerkmal und zwar im allgemeinen abgeleiteter und spezialisierter Gruppen (SCHNARF, 1929; WUNDERLICH, 1959). Die in der Literatur angeführten Merkmale für eine Verwandtschaft der beiden Familien haben sich somit teils als nicht stichhaltig erwiesen, teils sind sie keine eindeutigen Beweise, um auf ihnen allein die Verwandtschaft der beiden Familien zu begründen.

Bevor weitere Merkmale auf ihr Vorkommen in beiden Familien untersucht werden, sollen zunächst noch solche angeführt werden, die als Argumente gegen eine Verwandtschaft der Hydrostachyaceen mit den Podostemaceen angesehen werden können:

Als erster hat WARMING (1891 b), als Begründung für die Abtrennung der Gattung *Hydrostachys* von den Podostemaceen und die Aufstellung einer eigenen Familie, unterschiedliche Merkmale zusammengestellt:

a) Weder Wurzel noch Sproß sind bei den Hydrostachyaceen so stark dorsiventral abgeplattet wie bei vielen Podostemaceen.

b) Unterschiedlicher anatomischer Bau der Wurzeln.

c) Verschiedene Ausbildung der Sprosse und Infloreszenzen, des Blütendiagramms und des Gynoeceums.

d) Fehlen des Perigons bei *Hydrostachys*.

e) Diözie bei *Hydrostachys* im Gegensatz zur Monoklinie bei den Podostemaceen.

f) Unterschiedliche Struktur der inneren Karpellwand.

g) Verschiedener Bau der Samenanlage (unitegmisch — bitegmisch).

Engler (1930, 1936), der die Hydrostachyaceen als eigene Reihe *Hydrostachyales* weitab von den Podostemaceen in die Monochlamydeen einreiht, geht noch weiter und hält die Emergenzbildung und die Blattfiederung für die einzigen Merkmale, welche die beiden Familien gemeinsam haben, „Merkmale, die mit der Lebensweise im Wasser zusammenhängen" (1930, S. 27). Auf embryologische Befunde stützt sich Schnarf, der erklärt (1931, S. 121): „ … daß die Hydrostachyaceen mit den Podostemaceen nicht näher verwandt sind, zeigen die gänzlich anderen embryologischen Verhältnisse." Janchen (1932) und Haumann (1946) schließen sich dieser Ansicht an; nach Leonhardt (1951) reichen Apetalie und Diözie der *Hydrostachys*-Blüten für eine Trennung der beiden Familien aus.

Zur weiteren Diskussion der Frage nach den Beziehungen der beiden Familien zueinander sollen zunächst die vergleichbaren Merkmale der Podostemaceen aus der Literatur (Warming, 1888, 1891 a, b, 1899; Möller, 1899; Went, 1910, 1912, 1926—1928; Matthiessen, 1908; Magnus, 1913; Chiarugi, 1933; Steude, 1935; Hammond, 1937; Razi, 1949, 1955; Mukkada, 1962; Troll, 1964) den entsprechenden Merkmalen der Hydrostachyaceen gegenüber gestellt werden. Schon auf den ersten Blick lassen sich von den in Tabelle 2 aufgeführten 32 Kriterien 10, den beiden Familien gemeinsame Merkmale als wenig spezifisch erkennen. Von ihnen erweisen sich einige als Adaptation an das Wasserleben (z. B. Anzahl und Größe der Samen und gegliederter, speicherstoffarmer Embryo [S. 64]). Andere, beiden Familien gemeinsame Merkmale sind nicht an die ökologischen Verhältnisse speziell angepaßt; sie stellen allerdings wenig spezifische Organisationsmerkmale dar, wie Kapselfrüchte, anatrope, tenuinuzellate Samenanlagen, Porogamie, einzelliges weibliches und vielzelliges männliches Archespor. Nur zwei, in beiden Familien gleicherweise auftretenden Merkmalen, dem Sekretionstapetum und der Zweizelligkeit des reifen Pollens, ist größerer systematischer Wert beizumessen. Manche gemeinsamen Merkmale sind überdies nur bei einem Teil der Podostemaceen ausgebildet, wie z. B. die seriale Anordnung der Tetraden im Nuzellus (Nr. 18 der Tabelle 2) und die Zweizahl der Karpelle im Pistill (Nr. 15). Auch die Stellung der beiden verwachsenen Karpelle in der Blüte ist in beiden Familien verschieden: Bei den Podostemaceen stehen sie median, bei den Hydrostachyaceen transversal. Dagegen sind Merkmalskomplexe, also eine Häufung von Merkmalen, die in bestimmter charakteristischer Zusammensetzung bei Hydrostachyaceen und Podostemaceen vorkommen, nicht vorhanden. Vor allem aber treten ausgeprägte Spezialentwicklungen auf, die in beiden Familien gänzlich verschiedenartig ablaufen und kein entsprechendes Gegenstück in der anderen Familie besitzen (Pseudoembryosack, Endosperm, Haustorium).

Die Hydrostachyaceen haben also weder spezifische Merkmale noch Merkmalskomplexe mit den Podostemaceen gemeinsam, sondern nur Reduktionsformen (Nr. 4, auch 12 und 15 in Tabelle 2) und Spezialisierungen allgemeinerer Art (Nr. 9, 10) neben Anpassungserscheinungen an das Wasserleben (Nr. 2, 7) und schließlich einige weniger abgeleitete und sogar ursprüngliche Merkmale (Nr. 3, 4, 5, 6, 8).

So gering der Aussagewert allgemeiner Anpassungsmerkmale für die natürliche Verwandtschaft der Hydrostachyaceen ist, um so bedeutender werden spezielle Adaptationsvorgänge im Hinblick auf die Frage nach einer Verwandtschaft der beiden, gleiche Standorte besiedelnden Familien Hydrostachyaceen und Podostemaceen. Betreffen die Adaptationserscheinungen außerdem noch embryologische Merkmale, so haben sie eine wesentlich bedeutendere systematische Aussagekraft. Denn diese sind im allgemeinen besonders konservativ (Schnarf, 1917a; Glišić, 1937) und eignen sich dadurch vortrefflich, lange gemeinsame oder aber getrennte Entwicklungswege leicht sichtbar zu machen.

In beiden Familien haben nun einige Adaptationsvorgänge zu verschiedenen Ergebnissen geführt, was auf eine getrennte Entwicklung hinweist (s. Tabelle 2). Es handelt sich einmal um die einander

Tabelle 2. *Vergleichende Gegenüberstellung der blütenmorphologischen und embryologischen Merkmale der Hydrostachyaceae und Podostemaceae (letztere nach Literaturangaben: [8, 11, 17, 18, 20, 21, 25, 48, 75, 77, 84, 85, 97, 98, 140, 144, 145—150, 154, 156—158, 176]) PMZ = Pollenmutterzelle*

Gemeinsame Merkmale

1. Kapselfrüchte
2. Zahlreiche winzige Samen
3. Anatrope Samenanlagen
4. Samenanlagen tenuinuzellat
5. 1-zelliges weibliches Archespor
6. Porogamie
7. Gegliederter speicherstoffarmer Embryo
8. Männliches Archespor bildet einen vielzelligen Strang
9. Sekretionstapetum
10. Reifer Pollen 2-zellig

Unterschiedliche Merkmale

Hydrostachyaceae	*Podostemaceae*
11. Polytele Synfloreszenz	monotele Synfloreszenz
12. Perianth fehlend	Perigon vorhanden oder teilweise bis gänzlich reduziert
13. Blüten diözisch verteilt	Blüten zwittrig
14. Spathella fehlend	Spathella vorhanden
15. Pistill parakarp, 2-karpellig, in transversaler Stellung	Pistill synkarp, 2- oder 3-karpellig; wenn 2-karpellig, dann in medianer Stellung, zum Teil lysikarp
16. Plazentation parietal	Plazentation zentralwinkelständig
17. Samenanlagen unitegmisch	Samenanlagen bitegmisch
18. Seriale Makrosporentetrade, selten T-förmig	seriale und T-förmige Makrosporentetrade
19. Nuzellus kurz	Nuzellus lang
20. Chalaza lang	Chalaza kurz
21. Pseudoembryosack fehlend	Pseudoembryosack vorhanden
22. Monosporischer Embryosack, *Polygonum*-Typ	bisporischer Embryosack, reduzierter *Allium*-Typ, *Podostemum*-Typ (?), *Dicraea*-Typ
23. Stärke im Embryosack	keine Stärke im Embryosack
24. Endosperm zellulär, in drei Abschnitte gegliedert, transitorisch	Endosperm fehlend
25. Mikropylares Endospermhaustorium	Endospermhaustorium fehlend
26. Embryo-Entwicklung: Onagraceen-Typ	Embryo-Entwicklung: Solanaceen-Typ, Caryophyllaceen-Typ (?)
27. Kein Suspensorhaustorium	Suspensorhaustorium (2-kernig) vorhanden
28. Tapetum parietaler Herkunft	?
29. Teilung der PMZ simultan	Teilung der PMZ sukzedan
30. Pollen in Tetraden	Pollen in Dyaden oder einzeln
31. Entwicklung des Pollens nach dem *Triglochin*-Typ	?
32. Pollen atrem, mit (oder ohne) leptoma-artige Areale	Pollen 3-colpat, 3-colporoidat, oligoforat oder atrem

entsprechenden Merkmale Suspensorhaustorium bzw. mikropylares Endospermhaustorium (s. S. 65), zum anderen um den Pseudoembryosack der Podostemaceen, welcher eine einzigartige Erscheinung im gesamten Pflanzenreich darstellt. Nach MAGNUS (1913) dient der Pseudoembryosack als Wasserreservoir und steht mit der emersen Lebensweise dieser sonst ausgesprochenen Wasserpflanzen (GESSNER, 1955; S. 310) während der Fruchtreife im Zusammenhang. Ferner sind bei den Hydrostachyaceen die Merkmale der Samenanlage und des weiblichen Gametophyten in dieser charakteristischen Zusammensetzung (s. Tabelle 2) bei den Podostemaceen nicht anzutreffen.

In beiden Familien überwiegen somit die gegensätzlichen Merkmale. Dadurch erweist sich die Annahme einer engen Verwandtschaft als nicht gerechtfertigt. Gegen eine Verwandtschaft der Hydrostachyaceen mit den Podostemaceen sprechende Merkmale können der nebenstehenden Tabelle 2 entnommen werden. Auf Grund dieser trennenden Merkmale erscheint es notwendig, die Hydrostachyaceen nunmehr aus der Reihe *Podostemales* zu eliminieren. Außerdem ist die Verschiedenheit der beiden Familien bzw. Reihen so groß, daß auch die phylogenetische Ableitung der *Hydrostachyales* von den *Podostemales* (vgl. u.a. GROSSHEIM, 1945; NOVÁK, 1954) nicht berechtigt ist.

IX. Zur Frage der systematischen Stellung der Hydrostachyaceen

Die Frage nach der natürlichen Verwandtschaft der Hydrostachyaceen ist in der Literatur in recht verschiedener Weise beantwortet worden. Die systematische Stellung, die den Hydrostachyaceen bisher gegeben wurde, hing vielfach davon ab, ob der betreffende Autor sie mit den Podostemaceen für verwandt hielt oder nicht. Im ersten Falle nämlich waren zumeist Podostemaceen-Merkmale für die Einordnung beider Familien ausschlaggebend, während im zweiten Fall die Hydrostachyaceen ihrer eigenen Kriterien zufolge eingereiht wurden. So ist z.B. die Einordnung in die *Rosales*, die *Sarraceniales* und *Umbelliflorae* mehr auf Grund von Podostemaceen- als von Hydrostachyaceen-Merkmalen erfolgt, wogegen der Einordnung in die Monochlamydeen allein Baueigentümlichkeiten, die *Hydrostachys* selbst aufweist, zugrunde lagen. Die Verwandtschaft mit den *Poycarpicae* (im Sinne WETTSTEINs) dagegen wurde sowohl auf Hydrostachyaceen- als auch Podostemaceen-Merkmalen begründet.

Schon Tulasne erwähnt in seiner „Monographia Podostemarum" (incl. *Hydrostachys*) eine Reihe von Familien, für die eine Verwandtschaft mit den Podostemaceen diskutiert wurde (1852, S. 29—37): *Najadaceae, Juncaceae, Alismataceae, Pistiaceae, Lacistemaceae, Datiscaceae, Urticaceae, Piperaceae, Elatinaceae, Callitrichaceae, Haloragaceae, Ceratophyllaceae,* die Familien der *Geraniales* und die *Gentianaceae.*

Seit der Erhebung zu einer eigenen Familie (Warming, 1891 b) werden die Hydrostachyaceen gewöhnlich vier größeren systematischen Gruppen eingereiht bzw. als eigene Reihe angeschlossen: den Monochlamydeen und *Piperales,* den *Polycarpicae* bzw. *Ranales,* den *Sarraceniales* und den *Rosales* (s. auch S. 7).

Wie weit halten nun diese recht konträren Vorschläge systematischer Zuordnung einer Diskussion über die Embryologie und Blütenmorphologie der genannten Gruppen stand?

Monochlamydeae. Für die Einordnung der *Hydrostachyales* als selbständige Reihe in die Monochlamydeen (sensu Engler, Wettstein) waren in erster Linie die Apetalie und die Diözie ausschlaggebend. Wohl der habituellen Ähnlichkeit der Blütenstände zufolge stellt Engler (1930, 1936) sie zwischen *Salicales* und *Piperales,* wobei er ausdrücklich betont, daß zwischen den *Hydrostachyales* und den beiden anderen Reihen keinerlei Verwandtschaft zu bestehen braucht. Die Einordnung in die Monochlamydeen ist somit rein künstlich; in phylogenetisch-systematischer Hinsicht sind deshalb auch keinerlei neue Gesichtspunkte gewonnen worden. Der Englerschen Auffassung schließt sich auch Janchen (1932) an. Pulle (1937, 1952) faßt die Hydrostachyaceen mit einer Anzahl weiterer Monochlamydeen-Familien formlos in einem Appendix seines Systems zusammen. Allein Leonhardt (1951) versucht, durch das Auffinden morphologischer Ähnlichkeiten Beziehungen zu den *Piperales* und die Zugehörigkeit der Hydrostachyaceen zu den Monochlamydeen zu beweisen: Bei den Piperalen findet er Merkmale, die auch bei den Hydrostachyaceen auftreten, nämlich ährige Blütenstände und parietale Plazentation. Dies letztere ist nun allerdings unter den *Piperales* nur bei einigen Saururaceen (*Anemiopsis, Houttuynia*) in ähnlicher Ausbildung wie bei *Hydrostachys* anzutreffen. Im übrigen dürfte Leonhardt wohl die Bedeutung der beiden Merkmale: Plazentationsart und Infloreszenzbau, die wenig spezifisch sind, überschätzt haben. Sie reichen un-

seres Erachtens für einen Anschluß der Hydrostachyaceen an die
Piperales nicht aus, was wohl auch LEONHARDT bemerkt hat, wenn
er schreibt (S. 23): „Wenn man also auch nicht direkte nahe verwandtschaftliche Beziehungen zwischen den *Piperales* und den
Hydrostachyaceen nachweisen kann, so fehlt es ihnen nicht an
gemeinsamen Eigentümlichkeiten. Sollten sich aber dieselben vielleicht in Verbindung mit noch anderen Merkmalen, die erst noch
entdeckt werden, tatsächlich als Verwandtschaftsbeziehungen herausstellen, so müßte doch andererseits betont werden, daß zwischen
den *Piperales* und den Hydrostachyaceen (*-ales*) eine lange Entwicklung stattgefunden haben muß, denn von Holzpflanzen zu Wasserpflanzen ist ein weiter Weg."
Vergleicht man nun weitere Merkmale des embryologischen und
des Blütendiagramms von *Hydrostachys* mit denen der *Piperales*,
so ergeben sich folgende gemeinsame Merkmale:

a) Hypogynie bei Piperaceen und teilweise auch bei den Saururaceen.
b) Fehlen des Perianths (Ausnahme: *Hedyosmus/Chloranthaceae*).
c) Getrenntgeschlechtigkeit bei Piperaceen und Chloranthaceen.
d) Parakarpes Gynoeceum.
e) Zelluläres Endosperm bei *Peperomia*, Saururaceen, Chloranthaceen
(Ausnahme: *Piper*, nukleäres Endosperm).
f) Sekretionstapetum.
g) Simultane Pollenteilung.
h) Pollen im reifen Zustand 2-zellig.

Dem gegenüber stehen mehr und zum Teil schwerer wiegende
Merkmale, in denen die *Piperales* von *Hydrostachys* abweichen:

a) Epigynie (Ausnahmen: Piperaceen, Saururaceen).
b) 3-karpelliges Pistill, keine freien Griffel.
c) Zentralwinkelständige bzw. basale Plazentation (Ausnahme: *Anemiop-sis, Houttuynia*).
d) Atrope, crassinuzellate, bitegmische Samenanlagen (Ausnahme: *Pe-peromia:* unitegmisch).
e) 1 bis wenige Samen.
f) Abgeleitete Embryosacktypen: *Allium*-Typ, *Fritillaria*-Typ, *Adoxa*-Typ, *Peperomia*-Typ (Ausnahme: Chloranthaceen und einige Saururaceen: *Polygonum*-Typ).
g) Ausbildung von Perisperm.
h) Fehlen des Endospermhaustoriums.
i) Kleiner, zum Teil ungegliederter Embryo: Piperaceen-Typ, Cheno-podiaceen-Typ.
j) Steinfrüchte.

Allein die Embryologie zeigt eine Reihe grundlegender Verschie-
denheiten zwischen *Piperales* und *Hydrostachys*. Daher ist wohl
entsprechend dem biogenetischen Grundgesetz auch die phylogenetische Entwicklung nicht gemeinsam, sondern getrennt verlaufen.

Nähere verwandtschaftliche Beziehungen zwischen beiden Gruppen sind deshalb mit ziemlicher Sicherheit nicht anzunehmen.

Polycarpicae, Ranales, Hamamelidales. Auf vorwiegend embryologischen Merkmalen beruht die Einordnung in die *Ranales* und *Sarraceniales* (Hallier) bzw. in die *Polycarpicae* (im Wettsteinschen Sinn) durch Palm (1915).

Palm führt auf Grund seiner embryologischen Untersuchungen über *Hydrostachys* die Endospermbildung nach der *Anona*-Form (!), das zelluläre Endosperm und den Tetradenpollen als Merkmale an, die, außer bei *Hydrostachys*, auch bei einer Reihe von Familien der *Polycarpicae* auftreten: Die *Anona*-Form des zellulären Endosperms kommt — von den Anonaceen abgesehen — noch bei den Aristolochiaceen und Sarraceniaceen vor, während zelluläres Endosperm (nicht nach dem *Anona*-Typ) bei Magnoliaceen, Ceratophyllaceen und Rafflesiaceen ausgebildet wird. Wie *Hydrostachys* besitzt auch *Anona* Tetradenpollen. Diese drei Merkmale sind nach Palm für die Einordnung der Hydrostachyaceen in die *Polycarpicae* ausreichend. Das Haustorium sieht er dagegen als Konvergenzerscheinung zu den Haustorien der Crassulaceen an, welche „die trotz deutlicher getrennter Entwicklungsbahnen mannigfaltig zutage tretende gemeinschaftliche Entwicklungstendenz“ (S. 76) der beiden Ordnungen betont. Schürhoff, der Podostemaceen und Hydrostachyaceen für verwandt hält, ordnet auf Grund eines ausgesprochenen Podostemaceen-Merkmals, nämlich der sukzedanen Teilung der Pollenmutterzellen, ferner des seiner Meinung nach primitiven zellulären Endosperms bei *Hydrostachys*, beide Familien zwar in die *Rosales* ein, hält jedoch — Palm folgend — die Eingruppierung in die *Polycarpicae* für möglich. Sukzedane Teilung der Pollenmutterzellen kommt bekanntlich bei Dikotylen — von einigen Ausnahmen abgesehen — nur innerhalb der *Polycarpicae* vor. Da den jetzt vorliegenden Ergebnissen zufolge eine Verwandtschaft zwischen Hydrostachyaceen und Podostemaceen nicht in Frage kommt, bleibt nach kritischer Betrachtung aus der Reihe der in der Literatur angeführten Merkmale nur das zelluläre Endosperm und der Tetradenpollen für eine Einordnung der Hydrostachyaceen in die *Polycarpicae* bestehen. Auf diese Merkmale allein lassen sich jedoch verwandtschaftliche Beziehungen nicht begründen: Beide Merkmale kommen teilweise gekoppelt, oft auch unabhängig voneinander und insgesamt häufig innerhalb der Angiospermen vor.

Dies trifft wohl auch für zwei weitere Kriterien zu: Da die
meisten Familien der *Ranales* Wasser- oder Sumpfpflanzen enthalten, glaubt HALLIER (1903, 1905, 1908), den natürlichen Verwandtschaftskreis der Hydrostachyaceen hier, nämlich in der Nähe
der Nymphaeaceen und Ceratophyllaceen gefunden zu haben. Eine
Bestätigung seiner Auffassung sieht er darin, daß sich außerdem
die *Ranales*, wie *Hydrostachys*, vorwiegend durch zerschlitzte oder
zerteilte Blätter auszeichnen.

Allerdings wurde bei *Hydrostachys* durch unsere Untersuchungen
noch ein weiteres Merkmal gefunden, das innerhalb der Dikotylen
nur bei den *Polycarpicae*, nämlich den Ceratophyllaceen auftritt:
der *Triglochin*-Typ der Pollenkornentwicklung. Er ist bisher nur
bei einigen *Helobiae* (*Najas*, *Lilaea*, *Triglochin*, *Aponogeton* und
Ruppia) gefunden worden; außerhalb dieses eng begrenzten Verwandtschaftskreises, dem *Ceratophyllum* nahe steht, wurde er noch
nicht festgestellt.

Das embryologische Diagramm der monözischen Ceratophyllaceen (Tabelle 3) zeigt nun tatsächlich einige Ähnlichkeiten mit
Hydrostachys (7 von 19 Punkten). Die Mehrzahl der angeführten
Merkmale ist jedoch in beiden Familien verschieden. Allerdings ist
die Entwicklungsweise des zellulären Endosperms bei *Ceratophyllum*
bemerkenswert: Die erste Teilung im Endosperm ist von der Bildung einer Querwand begleitet. Daraufhin teilt sich die primäre
chalazale Zelle nicht mehr und fungiert als schwaches chalazales
Haustorium, während die mikropylare Tochterzelle weitere Querteilung erfährt und das eigentliche Endosperm aufbaut. Ein mikropylares Endospermhaustorium wird hier jedoch nicht ausgebildet.
Wie bei *Hydrostachys* sind also die primäre mikropylare und die
primäre chalazale Zelle verschieden, wobei sich letztere im wesentlichen wie bei *Hydrostachys* verhält. Durch die frühzeitige Ein-
stellung der Teilungstätigkeit in der primären chalazalen Zelle bei
beiden Gattungen wird sicherlich ein regressiver Spezialisierungs-
vorgang angezeigt. Ein solcher ist freilich in einer auch blütenmorphologisch recht abgeleiteten Gattung wie *Ceratophyllum* (vgl.
Tabelle 3, Merkmale 1—7) nicht verwunderlich. Die palynologischen
Befunde an *Ceratophyllum* (ERDTMAN, 1952) deuten ebenfalls auf
diese abgeleitete Stellung hin: Der Pollen ist — wie bei *Hydrostachys* — aperturenlos und besitzt eine unklare Exinestratifikation.

Sowohl die Hydrostachyaceen als auch die Ceratophyllaceen
stellen abgeleitete Familien mit hauptsächlich auf ihre Standorts-

Tabelle 3. *Blütenmorphologische und embryologische Merkmale der Ceratophyl-*
GER-ZÜRN), *sowie der Sarraceniales (nach Literaturangaben). Anordnung und*
hinter den Familiennamen geben die Anzahl der Gattungen/Familie, die Ziffern
bisher untersuchten Gattungen an. Bezüglich der palynologischen Merkmale sei
turzitate können bei den

	Ceratophyllaceae (1)	Monimiaceae (34)	Myrothamnaceae (1)
1. Ausbildung der Blütenhülle, Geschlechtsverteilung	haplochlamydeisch, monözisch ♀ ♂	heterochlamydeisch, homoiochlamydeisch apochlamydeisch ♀ + ♀/♂ diözisch	apochlamydeisch diözisch ♀/♂
2. Stellung des Gynoeceums	oberständig	oberständig mittelständig	oberständig
3. Bau des Gynoeceums	1-karpellig	apokarp ∞ bis 1-karpellig	synkarp-apokarp 4-karpellig
4. Plazentation	laminal	submarginal	zentralwinkelständig
5. Anzahl der Samen	1	1/Karpell	∞
6. Bau der Samenanlage	anatrop atrop	anatrop (*8*)	anatrop
7. Zahl der Integumente	unitegmisch	bitegmisch (*1*) unitegmisch (*1*)	bitegmisch
8. Bau des Nuzellus	crassinuzellat	crassinuzellat (*2*)	crassinuzellat
9. Deckzelle(n)	vorhanden	vorhanden (*2*)	vorhanden
10. Embryosackentwicklung	Normal-Typ	*Allium*-Typ (*1*) Embryosack monosporisch (*1*)	*Allium*-Typ
11. Integumenttapetum	?	?	fehlend
12. Endosperm	zellulär	zellulär (*1*)	nukleär
13. Haustorien	Basalzelle	?	fehlend
14. Embryo-Typ	Asteraceen-Typ	Asteraceen-Typ (*1*)	?
15. Antherentapetum	Sekretionstapetum	?	Sekretionstapetum
16. Pollenteilung	sukzedan	?	simultan
17. Zellzahl im reifen Pollen	2	?	2
18. Art des Pollens	Einzelpollen	Tetradenpollen (*1*)	Tetradenpollen
19. Fruchtform	Schließfrucht	Sammelfrucht (Nüßchen, Steinfrüchte)	kapselartige Balgfrucht

laceae, Monimiaceae (nach Literaturangaben) und der Myrothamnaceae (Jä-
Umfang der Familien nach der Systematik von ENGLER *(1964). Die Ziffern*
hinter den Angaben der embryologischen Merkmale (Nr. 6—18) die Anzahl der
auf ERDTMAN *(1952) verwiesen. (Die den Tabellen zugrunde liegenden Litera-*
Verff. eingesehen werden)

Sarraceniales

Sarraceniaceae (3)	*Nepenthaceae* (1)	*Droseraceae* (4)
heterochlamydeisch ♀	haplochlamy- deisch ♀ ♂	heterochlamydeisch ♀
oberständig	oberständig	oberständig
synkarp 3- bis 5-karpellig	synkarp 3- bis 4-karpellig	parakarp 3-karpellig
zentralwinkel- ständig	zentralwinkel- ständig	parietal
∞	∞	3 bis ∞
anatrop (*1*)	?	antrop (*2*)
unitegmisch (*1*)	bitegmisch	bitegmisch (*4*)
tenuinuzellat (*1*)	crassinuzellat	tenuinuzellat bis schwach crassinuzellat (*2*)
fehlend (*1*)	vorhanden	fehlend oder vorhanden (*2*)
Normal-Typ (*1*)	?	Normal-Typ (*2*) *Allium*-Typ (*1*)
vorhanden (*1*)	?	vorhanden (*1*)
zellulär (*1*)	?	nukleär (*2*)
fehlend (*1*)	?	chalazales Endospermhaustorium (*1*)
Caryophyllaceen- Typ (*1*)	?	Caryophyllaceen-Typ + Solana- ceen-Typ (*1*), Onagraceen-Typ (*1*)
Sekretionstapetum	?	Sekretionstapetum (*1*), falsches Perplasmodialtapetum (*1*)
simultan (*1*)	?	simultan (*2*)
2 (*1*)	?	2 + 3 (*2*) 3 (*1*)
Einzelpollen (*1*)	Tetradenpollen (*1*)	Einzelpollen + Tetradenpollen (*1*)
Kapsel	Kapsel	Kapsel

verhältnisse zurückzuführender regressiver Spezialisierungstendenz dar. Da die anderen, beiden Familien gemeinsamen Merkmale weder spezifisch sind noch in einer charakteristischen Koppelung vorkommen, kann man die ähnliche Entwicklungsweise des Endosperms als analoge Konvergenz bezeichnen und ihr keine große Bedeutung in systematischer Hinsicht beimessen. Immerhin verdienen die drei Merkmale: Endospermentwicklung, *Triglochin*-Typ der Pollenkornentwicklung und Exinebau, die bei *Hydrostachys* und *Ceratophyllum* ähnlich oder gleich sind, eine gewisse Beachtung.

Die pollenmorphologischen Untersuchungen Erdtmans (1952) ergaben, daß Tetradenpollen ähnlicher Art, wie er bei *Hydrostachys* auftritt, auch bei den zu den *Rosales* (Niedenzu u. Engler, 1930; Wettstein, 1935) oder *Hamamelidales* (Takhtajan, 1959) zählenden **Myrothamnaceen** vorkommt. Deren Pollen hat wiederum Ähnlichkeit mit dem einiger Monimiaceen. Im Gegensatz zu den palynologischen weisen aber die embryologischen Befunde an Myrothamnaceen (*Myrothamnus moschatus*: Jäger-Zürn, 1966) und Monimiaceen keine Ähnlichkeit mit den Hydrostachyaceen auf (Tabelle 3): Die Monimiaceen stimmen bis jetzt nur in vier Eigenschaften (teilweises Auftreten der Hypogynie, anatroper, unitegmischer Bau der Samenanlage und das zelluläre Endosperm) mit den Hydrostachyaceen überein.

Bei den Myrothamnaceen sind etwa die Hälfte der Merkmale denen der Hydrostachyaceen gleich. Frappierend sind zunächst die Apetalie und Diözie der Blüten in Verbindung mit der Ausbildung zahlreicher anatroper Samenanlagen. In der Gestalt des Gynoeceums, dem Feinbau der Samenanlage und der Entwicklung des weiblichen Gametophyten weicht aber *Myrothamnus* stark von *Hydrostachys* ab. Außerdem sind die in beiden Gattungen gleichartigen Merkmale, die überdies unspezifisch sind, wahllos über das „embryologische Diagramm" verteilt, so daß eine nähere Verwandtschaft dadurch nicht bekräftigt werden kann.

Wie bei Ceratophyllaceen und Hydrostachyaceen handelt es sich auch bei den Myrothamnaceen um eine monogenerische, fraglos ziemlich abgeleitete Familie, und wohl deshalb finden sich bei ihnen ähnliche Reduktionsformen der Merkmalsentwicklung. Daher dürfte die Ähnlichkeit zwischen *Myrothamnus* und *Hydrostachys* auch nur auf Konvergenzbildung beruhen.

Bezeichnenderweise zeigen also innerhalb ursprünglicher Verwandtschaftskreise gerade zwei abgeleitete Familien die größten

Ähnlichkeiten mit *Hydrostachys*. Weitere Familien der *Polycarpicae* bzw. *Ranales* kommen auf Grund des abweichenden Baues der Samenanlage und Endospermentwicklung (vgl. u.a. WUNDERLICH, 1959) weniger in Frage. Da viele in spezialisierten Familien ausschließlich vorhandene Merkmale innerhalb der primitiven Ordnungen in freier Kombination auftreten, ist es grundsätzlich nicht schwer, irgend ein Merkmal, welches auch das fragliche Taxon aufweist, zu finden. Gemeinsame Merkmale müssen also sehr vorsichtig beurteilt werden.

Die vergleichende Embryologie der Hydrostachyaceen führt somit zu folgendem Schluß: Sie können auf Grund der diskutierten Merkmale nicht sicher in die *Polycarpicae* (im Sinne WETTSTEINs) eingereiht oder von ihnen unmittelbar abgeleitet bzw. den Myrothamnaceen angeschlossen werden. Jedoch läßt sich mit Hilfe der Embryologie die Annahme einer Verwandtschaft auch nicht ausschließen. Vor allem zu den Ceratophyllaceen sind embryologischen Kriterien zufolge verwandtschaftliche Beziehungen durchaus möglich.

Sarraceniales

Auf HALLIER (1901, 1903, 1905, 1908) geht die Zuordnung der Hydrostachyaceen zu den *Sarraceniales* zurück, eine Ordnung, die ebenfalls abgeleitete und recht spezialisierte Familien umfaßt. HALLIER rechnet zu den Sarracenialen Nepenthaceen, Droseraceen, Sarraceniaceen und die heute (sec. ENGLER, 1964) zu den *Rosales* gestellten Cephalotaceen. Tetradenpollen (Nepenthaceen, Droseraceen), anatrope Samenanlagen (Sarraceniaceen, Cephalotaceen), ellipsoidische Kapselfrüchte und winzige Samen sind nach HALLIER Merkmale dieser Familien, die für eine Verwandtschaft mit den Hydrostachyaceen sprechen. PALM (1915) führt außerdem noch das zelluläre Endosperm an, dessen Entwicklung sich bei den Sarraceniaceen nach der *Anona*-Form vollzieht.

Das blütenmorphologisch-embryologische Diagramm (Tabelle 3 und 4) weist darüber hinaus eine Reihe weiterer mit den Hydrostachyaceen gemeinsamer Merkmale auf. Besonders die Sarraceniaceen und Droseraceen besitzen manche Übereinstimmung mit *Hydrostachys*. Auch hier liegt Ähnlichkeit durch Konvergenz nahe, zumal für beide Gruppen charakteristische und spezifische Bildungen nicht anzuführen sind. Die Pollenmorphologie bietet ebenfalls keine Anhaltspunkte (ERDTMAN, 1952).

Tabelle 4. *Blütenmorphologische und embryologische Merkmale einiger Familier Familien und Merkmalen und der verwendeter*

	Crassulaceae (30)	Cephalotaceae (1)	Penthoraceae (1)
1. Ausbildung der Blütenhülle Geschlechtsverteilung	heterochlamydeisch ♀	haplochlamydeisch ♀	haplochlamydeisch ♀
2. Stellung des Gynoeceums	oberständig mittelständig	mittelständig	oberständig
3. Bau des Gynoeceums	apokarp 5- und mehrkarpellig	apokarp 6-karpellig	coenokarp → apokarp 2-(3-)karpellig
4. Plazentation	submarginal	basal	zentralwinkelständig
5. Anzahl der Samen	∞ (wenige bis eine Samenanlage)	1, selten 2	∞
6. Bau der Samenanlage	anatrop (*28*)	anatrop	anatrop
7. Zahl der Integumente	bitegmisch (*28*)	bitegmisch	bitegmisch
8. Bau des Nuzellus	crassinuzellat (*3*) schwach crassinuzellat (*21*), sehr schwach crassinuzellat (*4*)	crassinuzellat	schwach crassinuzellat
9. Deckzelle(n)	vorhanden (*28*)	?	vorhanden
10. Embryosackentwicklung	Normal-Typ (*15*) *Allium*-Typ (*1*) 12-kernig, trisporisch (*3*)	?	Normal-Typ
11. Integumenttapetum	fehlend (*2*)	vorhanden	?
12. Endosperm	zellulär (*28*)	?	zellulär
13. Haustorium	chalazales Endospermhaustorium (*19*) Suspensorhaustorium (*17*)	?	kein Endospermhaustorium Suspensorhaustorium
14. Embryo-Typ	Caryophyllaceen-Typ (*17*)	?	Caryophyllaceen-Typ
15. Antherentapetum	Sekretionstapetum (*4*)	Sekretionstapetum	Sekretionstapetum
16. Pollenteilung	simultan (*einige*)	?	simultan
17. Zellzahl im reifen Pollen	2 (*4*)	?	?
18. Art des Pollens	Einzelpollen (*5*)	Einzelpollen	Einzelpollen
19. Fruchtform	Balg, kapselähnlich	Balg	Balg

der Saxifragineae (nach Literaturangaben). Bezüglich der Ziffern hinter den Literatur s. Überschrift der Tabelle 3

Saxifragaceae (32)	Vahliaceae (1)	Francoaceae (2)	Eremosynaceae (1)
heterochlamydeisch ☿	heterochlamydeisch ☿	heterochlamydeisch ☿	heterochlamydeisch ☿
oberständig unterständig	unterständig	oberständig	mittelständig
synkarp → apokarp 2-karpellig	parakarp 2-karpellig	synkarp 4-karpellig	synkarp 2-karpellig
zentralwinkelständig	parietal	zentralwinkelständig	basal
∞	∞	∞	2
anatrop (*20*)	anatrop	anatrop (*2*)	anatrop
bitegmisch (*21*) unitegmisch (*4*)	bitegmisch	bitegmisch (*2*)	unitegmisch
crassinuzellat (*23*) schwach crassinuzellat (*1*) crassinuzellat + tenuinuzellat (*1*)	tenuinuzellat	crassinuzellat (*2*)	tenuinuzellat
vorhanden (*10*) fehlend (*1*)	fehlend	vorhanden (*1*)	fehlend
Normal-Typ (*24*)	Normal-Typ	Normal-Typ (*2*)	?
?	vorhanden	?	?
zellulär (*15*) intermediär (*9*)	zellulär	nukleär (*2*)	?
mikropylares Endospermhaustorium (*1*) basales Endosperm (*2*) Antipodenhaustorium (*1*) Suspensorhaustorium (*2*)	schwaches chalazales Endospermhaustorium	?	?
Caryophyllaceen-Typ (*3*); Caryophyllaceen-Typ + Onagraceen-Typ (*1*)	Onagraceen-Typ	?	?
Sekretionstapetum (*11*)	Sekretionstapetum	Sekretionstapetum (*1*)	?
simultan (*11*)	simultan	simultan	?
2 (*5*)	2	?	?
Einzelpollen (*6*)	Einzelpollen	Einzelpollen (*2*)	?
Balg, Kapsel	Kapsel	Kapsel	Kapsel

Tabelle

	Parnassiaceae (1)	*Baueraceae* (1)	*Pterostemonaceae* (1)
1. Ausbildung der Blütenhülle Geschlechtsverteilung	heterochlamydeisch ⚥	heterochlamydeisch ⚥	heterochlamydeisch ⚥
2. Stellung des Gynoeceums	oberständig	mittelständig	unterständig
3. Bau des Gynoeceums	parakarp 3- bis 4-karpellig	synkarp 2-karpellig	synkarp 5-karpellig
4. Plazentation	parietal	zentralwinkelständig	zentralwinkelständig
5. Anzahl der Samen	∞	∞	∞
6. Bau der Samenanlage	anatrop	anatrop	anatrop
7. Zahl der Integumente	bitegmisch	bitegmisch	bitegmisch
8. Bau des Nuzellus	tenuinuzellat	crassinuzellat	crassinuzellat
9. Deckzelle(n)	fehlend	vorhanden	?
10. Embryosackentwicklung	Normal-Typ	Normal-Typ	Normal-Typ
11. Integumenttapetum	vorhanden	?	?
12. Endosperm	nukleär	nukleär	?
13. Haustorien	?	Suspensorhaustorium	?
14. Embryo-Typ	Caryophyllaceen-Typ	Caryophyllaceen-Typ	?
15. Antherentapetum	Sekretionstapetum	?	?
16. Pollenteilung	simultan	?	?
17. Zellzahl im reifen Pollen	2	2	?
18. Art des Pollens	Einzelpollen	Einzelpollen	Einzelpollen
19. Fruchtform	Kapsel	Kapsel	Kapsel

(Fortsetzung)

Hydrangeaceae (17)	*Tetracarpaceae* (1)	*Iteaceae* (1)	*Brexiaceae* (3)
heterochlamydeisch ♀	hetero-chlamydeisch ♀	hetero-chlamydeisch ♀	heterochlamydeisch ♀
mittelständig unterständig	oberständig	mittelständig	oberständig
synkarp 2-(3- bis 10-)karpellig	apokarp 4-karpellig	synkarp bis scheinbar synkarp 2-karpellig	synkarp → apokarp parakarp 4- bis 7-karpellig
zentralwinkelständig parietal	submarginal	zentralwinkel-ständig	zentralwinkelständig parietal
∞ 1 (selten)	∞	∞	∞
anatrop (*13*)	anatrop	anatrop	anatrop (*3*)
unitegmisch (*14*)	bitegmisch	bitegmisch	bitegmisch (*2*)
tenuinuzellat (*14*)	crassinuzellat	crassinuzellat	crassinuzellat (*1*) schwach crassinuzellat (*1*)
fehlend (*1*)	?	vorhanden	vorhanden (*1*)
Normal-Typ (*13*)	Normal-Typ	Normal-Typ	Normal-Typ (*1*) Embryosack 8-kernig (*1*)
vorhanden (*14*)	?	?	?
nukleär (*1*) zellulär (*7*)	?	?	nukleär (*1*)
Antipodenhaustorium (*1*)	?	?	?
?	?	?	?
Sekretionstapetum (*14*)	?	Sekretionstape-tum	Sekretionstapetum (*1*)
simultan (*3*)	?	simultan	simultan (*1*)
2 (*2*)	?	?	?
Einzelpollen (*2*)	Einzelpollen	Einzelpollen	Einzelpollen (*2*)
Kapsel (Beere)	Balg	Kapsel	Kapsel Beere Steinfrucht

Tabelle 4 (Fortsetzung)

	Escalloniaceae (16)	*Montiniaceae* (2)	*Phyllonomaceae* (1)
1. Ausbildung der Blütenhülle Geschlechtsverteilung	heterochlamydeisch ☿	heterochlamydeisch ♀/♂ diözisch	heterochlamydeisch ☿
2. Stellung des Gynoeceums	oberständig mittelständig unterständig	unterständig	unterständig
3. Bau des Gynoeceums	synkarp, parakarp 2- bis 5-karpellig	synkarp 2-karpellig	parakarp 2-karpellig
4. Plazentation	zentralwinkelständig, parietal	zentralwinkelständig	parietal
5. Anzahl der Samen	1 bis ∞	10	mehrere
6. Bau der Samenanlage	anatrop (*10*)	anatrop (*1*)	anatrop
7. Zahl der Integumente	unitegmisch (*9*)	unitegmisch (*1*)	unitegmisch
8. Bau des Nuzellus	crassinuzellat (*1*) schwach crassinuzellat (*3*) tenuinuzellat (*7*)	schwach crassinuzellat (*1*)	schwach crassinuzellat
9. Deckzelle(n)	vorhanden (*1*) fehlend (*8*)	?	vorhanden
10. Embryosackentwicklung	Normal-Typ (*2*) Embryosack 8-kernig (*2*)	?	?
11. Integumenttapetum	vorhanden (*1*)	?	?
12. Endosperm	?	?	?
13. Haustorien	mikropylares Endospermhaustorium (*1*)	?	?
14. Embryo-Typ	?	?	?
15. Antherentapetum	?	?	?
16. Pollenteilung	?	?	?
17. Zellzahl im reifen Pollen	?	?	?
18. Art des Pollens	Einzelpollen (*6*) Tetradenpollen (*1*)	Einzelpollen (*2*)	Einzelpollen
19. Fruchtform	Kapsel Beere	Kapsel	Beere

Zusammenfassend ergibt sich, daß eine Verwandtschaft der Hydrostachyaceen mit den zumeist Sumpfpflanzen umfassenden *Sarracenialen* (im Sinne HALLIERs) in embryologischer Hinsicht möglich ist. Allerdings haben die letzteren durch die Entwicklung der Insektivorie eine Spezialisierung erfahren, die sie stark von den Hydrostachyaceen scheidet.

Umbelliflorae

Recht unwahrscheinlich erscheint ein anderer Vorschlag HAL-LIERs (1908 [!], S. 193/94), die Podostemaceen (incl. *Hydrostachys*) bei den Umbellifloren einzuordnen und sie in eine Übergangsstellung zwischen diesen und den *Brexieae* (*Saxifragaceae*) zu bringen. Er begründet seine Ansicht durch die Ähnlichkeit der scheidewandspaltigen Kapseln der Podostemaceen (incl. *Hydrostachys*!) mit denen der *Oldenlandieen* (*Rubiaceae*). Auch HUTCHINSON (1959) stellt die *Podostemales* (Podostemaceen und Hydrostachyaceen) ohne nähere Begründung in diesen Verwandtschaftskreis, wenn er die *Podostemales* auf den Sarraceniaceen-Ast zurückführt. Diesen leitet er wiederum von den Saxifragaceen her, von welchen auch seiner Meinung nach die *Umbellales* abstammen. Unseres Erachtens ist eine nähere Verwandtschaft der *Umbelliflorae* mit *Hydrostachys*, auch unter Einbeziehung embryologischer Daten (WUNDERLICH, 1959), rein spekulativ.

Rosales

Für die Einordnung der Hydrostachyaceen in die *Rosales* (WARMING, 1888, 1891 b) war zunächst die Ähnlichkeit des Blütendiagrammes der primitiven Podostemaceen, der *Weddellinoideae*, mit den Saxifragaceen maßgebend, ferner die Hypogynie, der Bau des Pistills, seine Zweiblättrigkeit und die apikale Apokarpie der Karpelle, die freien Griffel und die zahlreichen endospermlosen Samen, der gerade Embryo und die zerstreute Blattstellung. Durch die embryologischen Untersuchungen MAURITZONs (1930, 1933, 1939) an Crassulaceen und Saxifragaceen wurden noch weitere Kriterien gefunden, die eine Verwandtschaft dieser beiden Familien mit den Hydrostachyaceen und Podostemaceen sichern sollten.

Auf Grund des Suspensorhaustoriums bei Crassulaceen, Podostemaceen und Hydrostachyaceen (!), der tenuinuzellaten Samenanlagen aller drei Familien, des schwach entwickelten zellulären Endosperms bei *Hydrostachys* und zum Teil auch bei den Crassulaceen, der *Anona*-Form des Endosperms bei *Hydrostachys* (!) und

Sempervivum- und *Sedum*-Arten, des weiteren die bei den *Rosales*
teilweise auftretende Tendenz zur schwächeren Ausbildung des in-
neren Integuments wurden von ihm die „Crassulaceen als die Familie in den *Rosales* betrachtet, … mit denen die Podostemaceen-
Hydrostachyaceen die meisten Anknüpfungspunkte haben" (1933,
S. 177). Zwar bemerkt MAURITZON einschränkend, daß die genannten Gründe nicht zwingend für, aber auch nicht gegen eine
Einordnung der Hydrostachyaceen (und Podostemaceen) in die
Rosales sprechen. In der Folgezeit haben sich alle Autoren, die eine
Einordnung der Hydrostachyaceen in die *Rosales* vertraten (s. S. 7),
auf die Ausführungen MAURITZONs gestützt.

Wie im Lichte der vorliegenden Untersuchungen die von MAU-
RITZON angeführten Merkmale zu bewerten sind, wurde bereits auf
S. 68 diskutiert und auf die Unsicherheit einer Verwandtschaft der
Hydrostachyaceen und Podostemaceen mit den Saxifragaceen-
Crassulaceen auf Grund der angeführten Merkmale hingewiesen.

Dagegen möchte SCHNARF die Hydrostachyaceen von den *Rosales* ausschließen, weil er jene auf Grund ihrer Embryologie als
eine „zweifelhafte Familie der *Rosales*" (1931, S. 120) ansieht.

Innerhalb des embryologischen Diagramms der *Saxifragineae*
(Tabelle 4) herrscht, wie in einem noch ziemlich ursprünglichen Verwandtschaftskreis nicht anders zu erwarten ist, keine Einheitlichkeit. Die Merkmale sind meist nicht miteinander gekoppelt, so daß
es keine Schwierigkeiten bereitet, in allen Familien dieser Ordnung
Gemeinsamkeiten mit den Hydrostachyaceen aufzuzeigen. Wie hinsichtlich der Beziehungen zu den Polycarpicae ist deshalb auch hier
die richtige Einschätzung des Aussagewertes der gemeinsamen
Merkmale schwierig. Den embryologischen Eigentümlichkeiten der
Hydrostachyaceen gleichende Merkmale sind bevorzugt bei den
spezialisierten Familien der *Saxifragineae* festzustellen. So besitzen
einige Familien, wie vor allem die Saxifragaceen, Hydrangeaceen,
Escalloniaceen und Crassulaceen (s. Tabelle 4), eine bemerkenswerte
Anzahl von *Hydrostachys*-Merkmalen. Dies ist allerdings wohl eine
Folge der Entwicklungshöhe der betreffenden Gruppen (vgl.
aber auch S. 106). Gleiche Entwicklungsweisen gelten besonders für
die Samenanlagen („Sympetalen-Typ" [SCHNARF, 1929]) in Verbindung mit dem zellulären Endosperm. Die Palynologie hat über
die Verwandtschaftsverhältnisse der *Saxifragineae* und *Hydrostachys*
bislang noch keinen Hinweis erbringen können (ERDTMAN, 1952).

Allein die Bildungsweise des zellulären Endosperms der Crassulaceen (Mauritzon, 1933; Crété, 1946) vermag einen Fingerzeig zu geben: Bei diesen tritt nämlich — wie bei *Hydrostachys* — eine Spezialisierung der primären chalazalen und der primären mikropylaren Tochterzelle des durch eine Querwand geteilten Embryosackes auf. Die chalazale Zelle teilt sich in der Regel nicht mehr und bildet häufig ein chalazales Haustorium. Oft unterbleibt jedoch auch diese Haustorialbildung, wohl infolge der Tendenz zur Reduktion in der Basalzelle. Mikropylare Endospermhaustorien fehlen stets. Auch die Teilungsfolge in der primären mikropylaren Zelle ist anders als bei *Hydrostachys*. Immerhin treten bei den Crassulaceen Spezialisierungstendenzen im Verlauf der Endospermentwicklung auf, die denen bei *Hydrostachys* ähneln. So sind nach Wegfall der beiden Kriterien: Suspensorhaustorium und *Anona*-Form des zellulären Endosperms, welche für *Hydrostachys* angegeben wurden und sich als falsch herausgestellt haben, doch wieder neue Baueigentümlichkeiten gefunden worden, die auf Beziehungen zwischen Crassulaceen und Hydrostachyaceen hinweisen.

Die Endospermentwicklung der Hydrostachyaceen stellt eine in hohem Maß spezifische Bildungsweise dar, der großer taxonomischer Wert zukommt. Ließe sich nun eine Pflanzengruppe finden, für die eine ähnliche Endospermgliederung kennzeichnend ist, so könnte hierin der Schlüssel zum Verständnis der natürlichen Verwandtschaft der Hydrostachyaceen gefunden werden, denn eine polyphyletische Entstehung einer so komplizierten Baueigentümlichkeit ist kaum anzunehmen.

Eine noch viel größere Übereinstimmung als mit den Crassulaceen hinsichtlich ihrer Endospermentwicklung weisen nun die Hydrostachyaceen mit vielen Familien der **Tubiflorae** auf (Tabelle 5). Für die Tubifloren, besonders die *Solanineae* (= *Personatae*, *Scrophulariales*) ist eine spezielle, nur bei ihnen vorhandene Gliederung und Entwicklungsweise des Endosperms kennzeichnend. Nach der ersten Teilung des *ab initio* zellulären Endosperms entsteht immer (ausgenommen: *Physostegia* [*Lamiaceae*], *Solanum phurej* [*Solanaceae*]) eine Querwand. In beiden Tochterzellen können nun weitere Teilungen stattfinden. Diese erfolgen entweder in gleicher Weise, oder aber eine der beiden Tochterzellen, in der Regel die chalazale, kann nur zwei oder eine oder gar keine Teilungen mehr durchführen. Besonderes Gewicht kommt in der mikropylaren Tochterzelle der Richtung der ersten Wand zu, die entweder quer oder längs verlaufen kann. Schließlich werden in den meisten Fällen mikropylare und chalazale Endospermhaustorien gebildet. Dabei wird in der Regel die primäre chalazale Zelle, bzw. deren Abkömmlinge, gänzlich haustoriell. Die mikropylare Zelle gliedert sich dagegen in einen terminalen haustoriellen Abschnitt und einen zentralen Teil, aus welchem das eigentliche Endosperm hervorgeht. In der Anordnung und Aufeinanderfolge der Quer- und Längswände während der ersten Teilungsschritte sind nun eine Fülle von Kombinationen möglich und bei den bisher untersuchten Arten auch verwirklicht. Schon früh hat man deshalb versucht, Gesetzmäßigkeiten innerhalb der Mannigfaltigkeit der Tubifloren-Endospermtypen zu finden. Schnarf (1917) stellt als erster drei große Hauptgruppen auf, benannt nach den Objekten, bei denen die entsprechenden Typen erstmalig gefunden wurden: I. *Scutellaria*-Typ, II. *Prunella*-Typ, III. *Stachys*-Typ. Während für den *Scutellaria*-Typ die Ausbildung von Längswänden im Laufe des zweiten Teilungsschrittes in beiden Tochterzellen kennzeichnend ist, wird beim *Prunella*-Typ nur in der mikropylaren Zelle eine Längswand gebildet, in der chalazalen Zelle unterbleibt nach der Kernteilung die Wandbildung. Beim *Stachys*-Typ wird in der mikropylaren Zelle dagegen eine Querwand gezogen; die chalazale Zelle verhält sich wie beim *Prunella*-Typ. *Scutellaria*-Typ und *Prunella*-Typ stehen einander näher als der von beiden durch die Querwandbildung getrennte *Stachys*-Typ (Jäger-Zürn, 1965; Abb. 4).

Für alle drei Typen ist die Dreigliederung des Endosperms charakteristisch: chalazales Haustorium, zentrales Endosperm, mikropylares Haustorium. Die gleiche Dreiteilung und vor allem Entwicklungsweise sind nun auch für das Endosperm von *Hydrostachys* kennzeichnend (s. S. 45): Die erste Teilung ist eine Querteilung und zerlegt den Embryosack in eine chalazale und eine mikropylare Hälfte. Der Kern der chalazalen Zelle teilt sich nicht mehr, wohingegen die mikropylare Zelle eine weitere Querteilung erfährt. Die so entstandene sekundäre mikropylare Zelle wird zum mikropylaren Endospermhaustorium, während die Zentralzelle das eigentliche Endosperm aufbaut. Die Entwicklung des Endosperms von *Hydrostachys* folgt also dem *Stachys*-Typ.

Hydrostachys weist allerdings eine geringfügige Abweichung von der für *Stachys* beschriebenen Entwicklungsweise (Schnarf, 1917) auf: Bei *Stachys* teilt sich der Kern der chalazalen Zelle nochmals, so daß das chalazale Haustorium von einer zweikernigen Zelle gebildet wird. Bei *Hydrostachys* hingegen erfolgen in der Basalzelle keine weiteren Teilungen; außerdem fungiert sie auch nicht als Haustorium. Die Endospermbildung von *Hydrostachys* stellt eine Variante des *Stachys*-Typs dar. Eine Vielzahl ähnlicher Varianten ist bis heute bei allen drei Haupttypen aufgefunden worden.

Unter den drei Endospermtypen der Tubifloren kann man folgende merkmalsphylogenetischen Beziehungen herausstellen: Als Ausgangsform für die Endospermtypen der Tubifloren gilt der bei den Solanaceen häufig anzutreffende Ericaceen-Typ (GLIŠIĆ, 1928/30; PERSIDSKY, 1935). Bei ihm ist noch keine unterschiedliche Entwicklung zwischen der primären chalazalen und der primären mikropylaren Zelle eingetreten, da Querteilungen in beiden Zellen gleichzeitig erfolgen und erst später Längswände eingezogen werden. Doch schon innerhalb der Solanaceen und der ihnen nahestehenden Nolanaceen kommt es offensichtlich zur zeitlichen Vorverlegung der

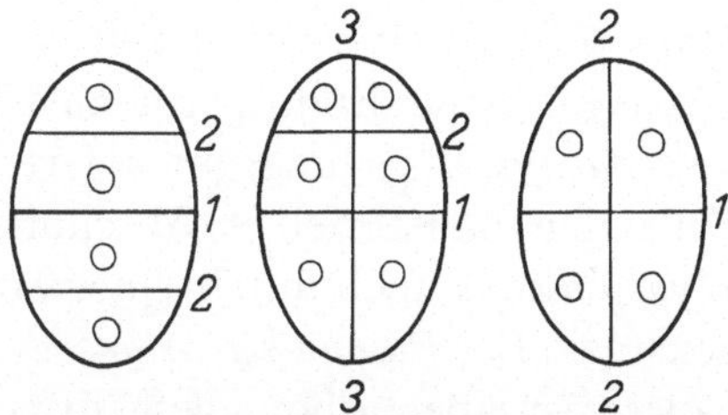

Abb. 30. Merkmalsphylogenetische Beziehungen des *Stachys*-Typs (Mitte) als intermediäre Form zwischen Ericaceen- (links) und *Scutellaria*-Typ (rechts). Die Ausgangsform ist der durch drei horizontale Wände als Folge der ersten beiden Endosperm-Mitosen gekennzeichnete Ericaceen-Typ. Die horizontale Wand wird beim *Stachys*-Typ in der chalazalen Zelle unterdrückt, dies trifft beim *Scutellaria*-Typ für beide primäre Endospermzellen zu, deren 2. Wand vertikal verläuft. Die Ziffern geben die Folge der Wandbildung an; der mikropylare Endospermabschnitt ist nach oben, der chalazale nach unten orientiert

Längswandbildung, und danach entstehen wieder Querwände. Werden die Längswände bereits während des zweiten Teilungsschrittes angelegt, so liegt die gleiche Entwicklungsweise wie beim *Scutellaria*-Typ vor (*Datura*, *Solanum*). Wenn die Querwandbildung im Verlauf des zweiten Teilungsschrittes nur in einer der beiden primären Endospermzellen, z. B. der mikropylaren Zelle, erfolgt, so entsteht der *Stachys*-Typ. Dieser stellt somit eine intermediäre Form zwischen dem *Scutellaria*-Typ und dem Ericaceen-Typ dar (Abb. 30).

Während nun in der Literatur (SAMUELSON, 1913; SCHNARF, 1917; GLIŠIĆ, 1937; JYENGAR, 1939/40, 1942; BANERJI, 1961) für den *Scutellaria*-Typ und den *Prunella*-Typ die merkmalsphylogenetischen Beziehungen der mannigfaltigen Varianten untereinander bereits dargestellt worden sind, ist dies für den *Stachys*-Typ bislang noch nicht geschehen. Da die Endospermentwicklung von

Hydrostachys unserer Meinung nach eine Variante dieses Typs darstellt, sollen hier zunächst einmal die gegenseitigen Beziehungen
und die Merkmalsentwicklung der Varianten des *Stachys*-Typs
untersucht werden (Abb. 31). Die dargestellten 11 Formen zeichnen
sich, was die primäre mikropylare Zelle anlangt, durch eine fort-
schreitende Abkehr vom Ericaceen-Typ aus: Bei der *Paulownia-,*
Stachys- und *Incarvillea*-Form teilt sich die primäre mikropylare
Kammer — wie beim Ericaceen-Typ — durch Querwände in vier
übereinander liegende Zellen, deren „oberste" mikropylare sich zum
Haustorium weiter entwickelt, während die drei zentralen Zellagen
das eigentliche Endosperm ausbilden. Bei allen anderen Formen
des *Stachys*-Typs hingegen liefert bereits die sekundäre mikropylare
Zelle den haustoriellen Abschnitt. Unter ihnen sind *Leucas* und
Hydrostachys noch durch Querwände in der zentralen Zelle gekennzeichnet. Bei *Ramondia, Alonsoa, Sopubia, Stachytarpheta* und *Orobanche* ist aber schon diese dritte Teilung mit einer Längswandbildung verbunden. Nur bei *Ramondia* verlaufen die darauffolgenden Teilungen wieder quer, bei den anderen genannten (mit Ausnahme von *Orobanche*) jedoch längs. Weiters ist der mikropylare
haustorielle Endospermabschnitt bei den 11 Formen verschieden
ausgebildet und besteht entweder aus vier ein-kernigen Zellen
(*Ramondia, Alonsoa, Stachytarpheta*), zwei zwei-kernigen Zellen
(*Sopubia*), einer vier-kernigen (*Stachys, Leucas, Hydrostachys*),
einer zwei-kernigen (*Paulownia*) Zelle, zwei ein-kernigen Zellen
(*Orobanche*) oder einer ein-kernigen Zelle (*Incarvillea, Nemophila*).
Wie die Abb. 31 zeigt, ist diese haustorielle Zelle unterschiedlicher
Herkunft: das eine Mal Tochterzelle der sekundären mikropylaren
Zelle (*Incarvillea*), das andere Mal die sekundäre mikropylare Zelle
selbst, deren Kern keine weiteren Mitosen mehr durchmacht.

Wie in der primären mikropylaren ist auch in der primären
chalazalen Kammer verschiedentlich die Tendenz zur Reduktion
sowohl der Wandbildung als auch der Kernteilung sichtbar. Nur
bei der *Paulownia-, Alonsoa-* und *Sopubia*-Form wird eine Längswand ausgebildet, die jedoch bei den letztgenannten später wieder
aufgelöst wird. Es entsteht dann hier ein einzelliges zwei-kerniges
Haustorium. Ein solches ist auch bei der *Stachys-, Leucas-, Stachy-
tarpheta-* und *Orobanche*-Form anzutreffen, jedoch ohne vorherige
Längswandbildung. Alle anderen Formen des *Stachys*-Typs sind
durch einen einzelligen und ein-kernigen chalazalen Endospermabschnitt ausgezeichnet.

Innerhalb der verschiedenen Formen werden also drei Entwicklungstendenzen sichtbar. Erstens einmal wird der Ericaceen-Typ

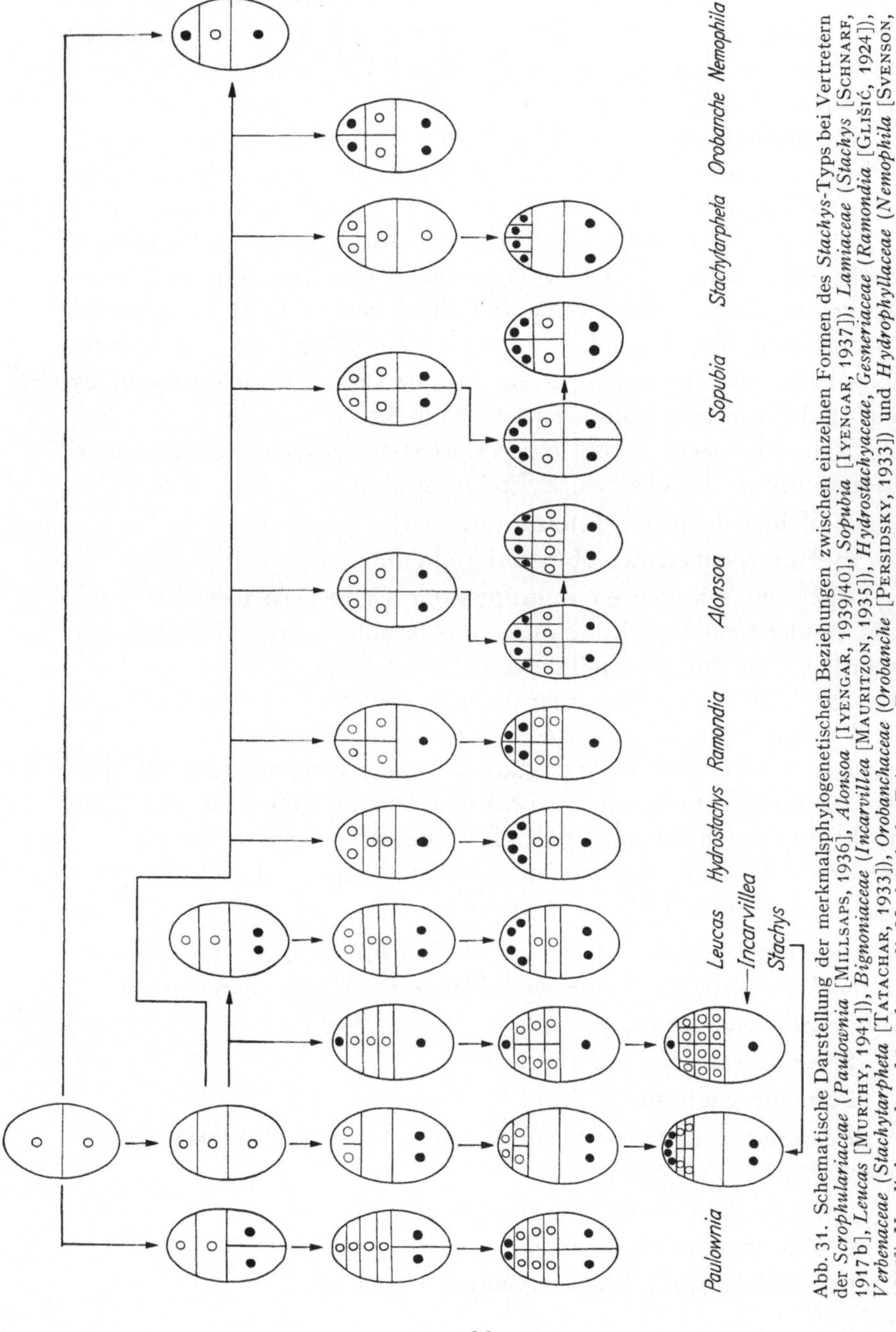

Abb. 31. Schematische Darstellung der merkmalsphylogenetischen Beziehungen zwischen einzelnen Formen des *Stachys*-Typs bei Vertretern der *Scrophulariaceae* (*Paulownia* [MILLSAPS, 1936], *Alonsoa* [IYENGAR, 1939/40], *Sopubia* [IYENGAR, 1937]), *Lamiaceae* (*Stachys* [SCHNARF, 1917 b], *Leucas* [MURTHY, 1941]), *Bignoniaceae* (*Incarvillea* [MAURITZON, 1935]), *Hydrostachyaceae*, *Gesneriaceae* (*Ramondia* [GLIŠIĆ, 1924]), *Verbenaceae* (*Stachytarpheta* [TATACHAR, 1933]), *Orobanchaceae* (*Orobanche* [PERSIDSKY, 1933]) und *Hydrophyllaceae* (*Nemophila* [SVENSON, 1925]). Von links nach rechts nehmen die Merkmale des Ericaceen-Typs ab, verbunden mit einer zeitlichen Vorverlegung der Längswandbildung. Weitere Einzelheiten im Text. Die schwarz angelegten Kerne teilen sich nicht mehr mitotisch, die Zellen werden ± haustoriell. (In Anlehnung an die von GLIŠIĆ 1937 gegebenen Schemata.) Hinsichtlich der Lit.-Angaben s. Überschrift der Tabelle 3

abgewandelt durch die zeitliche Vorverlegung der Längswandbildung. Zwe tens ist die Tendenz zur Vereinfachung der terminalen Abschnitte hinsichtlich Zell- und Kernzahl festzustellen und drittens werden die haustoriellen Abschnitte immer frühzeitiger in der Endospermgenese angelegt, wie etwa die Reihe *Stachys—Alonsoa—Nemophila* zeigt.

Es unterliegt — wie die Abb. 31 verdeutlicht — also keinem Zweifel, daß sich die Endospermform von *Hydrostachys* zwanglos den verschiedenen Endospermvarianten des *Stachys*-Typs einfügt. Die Haustorien der genannten Form sind mehr oder weniger mächtig entwickelt, sie können jedoch auch kaum in Erscheinung treten und dann nicht als Haustorien im eigentlichen Sinn bezeichnet werden. Dies trifft z. B. auch für die Basalzelle von *Hydrostachys* zu. Höchstwahrscheinlich handelt es sich dabei um eine Reduktionserscheinung.

Kennzeichnend für die *Hydrostachys*-Form ist die weitgehende Hemmung in der chalazalen Endospermhälfte:

a) Fehlen jeglicher Teilungstätigkeit.

b) Unterbleiben der Haustorialbildung.

Auch im sekundären mikropylaren Endospermabschnitt wird die Tendenz zur Reduktion durch das Ausbleiben der Wandbildung deutlich. Der Endosperm-Typ von *Hydrostachys* stellt also innerhalb des *Stachys*-Typs keine ursprüngliche, sondern eine vereinfachte und damit abgeleitete Form dar.

Der *Stachys*-Typ, der erstmals bei den Lamiaceen (*Stachys* und späterhin bei *Ajuga, Leucas, Leonurus, Salvia*) gefunden wurde, ist nicht nur bei den *Verbenineae* (*Verbenaceae: Stachytarpheta, Clerodendron, Verbena*) anzutreffen, sondern hauptsächlich bei Vertretern der *Solanineae* (= *Personatae*):

Scrophulariaceae: *Alonsoa, Calceolaria, Linaria, Antirrhinum, Vandellia, Russelia, Paulownia, Mimulus, Mazus, Isoplexis, Bonnaya, Sopubia, Striga.*

Selaginaceae: *Hebenstreitia.*

Bignoniaceae: *Incarvillea.*

Acanthaceae: *Elytraria, Eranthemum, Barleria, Acanthus, Andrographis, Justicia, Adhatoda.*

Gesneriaceae: *Ramondia, Klugia.*

Orobanchaceae: *Orobanche.*

Lentibulariaceae: *Polypompholyx, Utricularia.*

Auffällig ist das gehäufte Vorkommen des *Stachys*-Typs gerade bei den Scrophulariaceen und deren nächsten Verwandten.

Ein Vergleich des gesamten embryologischen Diagramms der Tubifloren mit dem der Hydrostachyaceen zeigt noch weitere Merkmale bzw. Merkmalskomplexe, die beiden Gruppen zukommen. Bei allen Personaten- und vielen anderen Tubifloren-Familien stimmen nahezu alle Merkmale der Nummern 6—16 in der Tabelle 5 (sie umfassen im wesentlichen die Entwicklung des Gametophyten und Endosperms) mit denen von *Hydrostachys* überein. Lediglich das bei den Personaten recht auffällige Integumenttapetum ist bei *Hydrostachys* nur schwach ausgebildet. Freilich sind unitegmische, tenuinuzellate, deckzellenlose Samenanlagen, deren Embryosack sich nach dem *Polygonum*-Typ entwickelt und zelluläres Endosperm ausbildet, Merkmale, die für den „Sympetalen-Typ" charakteristisch sind und bei vielen anderen Sympetalen auch vorkommen.

Bezeichnenderweise tritt jedoch der „Sympetalen-Typ" auch bei abgeleiteten Gliedern primitiverer Familien auf, z.B. bei den abgeleiteten Gattungen der Saxifragaceen (s. 88) und Crassulaceen (Tabelle 4). SCHNARFs Urteil über das einheitliche Auftreten des „Sympetalen-Typs" bei den Tubifloren läßt sich deshalb auch auf viele andere Repräsentanten des „Sympetalen-Typs" beziehen (1931, S. 194): „Wir dürfen jedoch die Einheitlichkeit nicht zu hoch einschätzen, denn es handelt sich da einerseits um weit verbreitete Merkmale, andererseits um solche, die wir als Rückbildungserscheinung ansehen müssen. Es ist daher möglich, daß die Übereinstimmung in den genannten Merkmalen durch Konvergenz zustande gekommen ist." Obwohl die Baueigentümlichkeiten des „Sympetalen-Typs" somit primär Kennzeichen für die Entwicklungshöhe darstellen, sind sie bei den Tubifloren aber zugleich auch Organisationsmerkmale, da sie für die meisten Personaten-Familien obligat sind.

Außerhalb der *Tubiflorae* sind viele der für *Hydrostachys* charakteristischen Kriterien beispielsweise auch bei den *Ericales* (= *Bicornes*) anzutreffen (SAMUELSON, 1913; WUNDERLICH, 1959). Diese besitzen ebenfalls zelluläres Endosperm mit mächtigen terminalen Haustorien. Außerdem ist für sie — wie bei *Hydrostachys* — Tetradenpollen kennzeichnend. Jedoch lassen sich zwischen den *Ericales* und den Hydrostachyaceen keine so engen Beziehungen finden wie zwischen Tubifloren und Hydrostachyaceen: Das Endosperm der *Ericales* entwickelt sich nämlich nach der Ericaceen-Form, d.h. es

Tabelle 5. *Blütenmorphologische und embryologische Merkmale der Tubiflorae*
Ziffern hinter den Familien und Merkmalen und der

	Convolvulineae		
	Polemoniaceae (18)	*Fouquieriaceae* (1)	*Convolvulaceae* (50)
1. Ausbildung der Blütenhülle Geschlechtsverteilung	heterochlamydeisch ♀	heterochlamydeisch ♀	heterochlamydeisch ♀; ♀ ♂
2. Stellung des Gynoeceums	oberständig	oberständig	oberständig
3. Bau des Gynoeceums	synkarp 3-(2-)karpellig	parakarp 3-karpellig	synkarp 2-karpellig selten 3- bis 5-karpellig
4. Plazentation	zentralwinkelständig	parietal	zentralwinkelständig
5. Anzahl der Samen	1 bis 2/Fach ∞	∞	1 bis 2 Samen 4 Samen 4 bis 6 Samen
6. Bau der Samenanlage	anatrop (*6*)	anatrop	anatrop (*6*)
7. Zahl der Integumente	bitegmisch (*1*) unitegmisch (*6*)	bitegmisch	unitegmisch (*8*)
8. Bau des Nuzellus	schwach crassinuzellat (*1*) tenuinuzellat (*2*)	crassinuzellat	schwach crassinuzellat (*4*) tenuinuzellat (*2*)
9. Deckzelle(n)	vorhanden (*1*) fehlend (*2*)	fehlend	vorhanden (*5*) fehlend (*5*)
10. Embryosackentwicklung	Normal-Typ (*3*) *Allium*-Typ + Normal-Typ (*1*)	*Adoxa*-Typ	Normal-Typ (*7*)
11. Integumenttapetum	vorhanden (*3*) fehlend (*2*)	?	?
12. Endosperm	nukleär (*6*)	zellulär	nukleär (*7*)
13. Haustorien	Endospermhaustorien fehlen (*5*) Suspensorhaustorium (*1*)	Embryosackhaustorium	mikropylares (Suspensor-?) Haustorium (*2*)
14. Embryo-Typ	Chenopodiaceen-Typ (*1*) Chenopodiaceen-Typ + Asteraceen-Typ (*1*) Chenopodiaceen-Typ + Asteraceen-Typ + Solanaceen-Typ (*1*) Chenopodiaceen-Typ + Solanaceen-Typ (*1*)	?	Chenopodiaceen-Typ (*3*) Onagraceen-Typ (*2*) irregulär (*1*)
15. Antherentapetum	Sekretionstapetum (*1*) falsches Periplasmodialtapetum (*2*) amöboides Tapetum (*1*)	?	Sekretionstapetum (*4*)
16. Pollenteilung	simultan (*2*)	?	simultan (*2*)
17. Zellzahl im reifen Pollen	2 (*4*)	?	2 (*4*)
18. Art des Pollen	Einzelpollen (*13*)	?	Einzelpollen (*12*)
19. Fruchtform	Kapsel	Kapsel	Kapsel, Schließfrucht fleischig

und Plantaginales (nach Literaturangaben). Bezüglich der Taxonomie, der verwendeten Literatur s. Überschrift der Tabelle 3

	Boraginineae		
Cuscutaceae (1)	*Hydrophyllaceae* (20)	*Boraginaceae* (100)	*Lennoaceae* (3)
heterochlamydeisch ⚥	heterochlamydeisch ⚥	heterochlamydeisch ⚥	heterochlamydeisch ⚥
oberständig	oberständig	oberständig	oberständig
synkarp 2-karpellig	parakarp 2-karpellig	synkarp 2-karpellig	synkarp 6- bis 14-karpellig
zentralwinkelständig 4	parietal 4, ∞	zentralwinkelständig 2 4	parietal 2/Karpell
anatrop unitegmisch	anatrop (*4*) hemitrop (*1*) unitegmisch (*4*)	anatrop (*16*) hemitrop (*14*) unitegmisch (*26*)	anatrop (*3*), anatrop + campylotrop (*1*) unitegmisch (*3*)
schwach crassinuzellat oder tenuinuzellat	tenuinuzellat (*4*)	schwach crassinuzellat (*5*) tenuinuzellat (*26*)	tenuinuzellat (*2*)
vorhanden oder fehlend	?	vorhanden (*2*) fehlend (*26*)	fehlend (*2*)
Normal-Typ *Allium*-Typ	Normal-Typ (*5*)	Normal-Typ (*22*) *Allium*-Typ (*3*), Embryosack 8-kernig (*2*)	Normal-Typ (*2*)
?	vorhanden (*4*)	vorhanden (*5*) fehlend (*19*)	fehlend (*1*)
nukleär	zellulär (*6*), intermediär (*1*), nukleär (*1*)	zellulär (*9*), intermediär (*16*), nukleär (*2*)	zellulär (*1*)
Suspensorhaustorium	chalazales + mikropylares Endospermhaustorium (*3*) mikropylares Endospermhaustorium (*2*) Embryosackhaustorium (*1*) fehlend (*2*)	chalazales + mikropylares Endospermhaustorium (*3*), nur mikropylares Endospermhaustorium (*1*) nur chalazales Endospermhaustorium (*1*)	Antipodenhaustorium (*1*)
Caryophyllaceen-Typ + Asteraceen-Typ + irregulär	Chenopodiaceen-Typ (*1*) Solanaceen-Typ (*1*)	Chenopodiaceen-Typ (*7*) Asteraceen-Typ (*7*) Onagraceen-Typ (*1*) Solanaceen-Typ (*2*) Chenopodiaceen-Typ + Asteraceen-Typ (*1*)	?
Sekretionstapetum (+ Periplasmodialtapetum)	Sekretionstapetum (*5*)	Sekretionstapetum (*8*)	Sekretionstapetum (*2*)
simultan 2 + 3	simultan (*5*) 2 (*3*)	simultan (*23*) 2 (*3*) 3 (*15*)	? 2 (*1*)
Einzelpollen kapsel- und beerenartig	Einzelpollen (*12*) Kapsel	Einzelpollen (*19*) Klausen	Einzelpollen (*3*) kapselartige Steinfrucht

Tabelle 5

	Verbenineae		
	Verbenaceae (~ 100)	*Callitrichaceae* (1)	*Lamiaceae* (200)
1. Ausbildung der Blütenhülle Geschlechtsverteilung	heterochlamydeisch ♀; ♀ ♂	apochlamydeisch ♀; ♂ monözisch	heterochlamydeisch ♀
2. Stellung des Gynoeceums	oberständig	oberständig	oberständig
3. Bau des Gynoeceums	syncarp, parakarp 2-(5-)karpellig	synkarp 2-karpellig	synkarp 2-karpellig
4. Plazentation	zentralwinkelständig parietal	zentralwinkelständig	zentralwinkelständig
5. Anzahl der Samen	1 — 2 — 4 — 8	4	2 — 4
6. Bau der Samenanlage	anatrop (*16*) hemitrop (*3*) campylotrop (*1*) anatrop + amphitrop (*1*)	anatrop	anatrop (*50*) hemitrop (*6*) campylotrop (*1*) anatrop + hemitrop (*12*)
7. Zahl der Integumente	unitegmisch (*21*)	unitegmisch	unitegmisch (*65*)
8. Bau des Nuzellus	tenuinuzellat (*19*)	tenuinuzellat	crassinuzellat (*1*) schwach crassinuzellat (*2*) tenuinuzellat (*28*)
9. Deckzelle(n)	fehlend (*17*)	fehlend	vorhanden (*2*) fehlend (*12*)
10. Embryosackentwicklung	Normal-Typ (*16*) Normal-Typ + *Scilla*-Typ (*1*) Embryosack 8-kernig (*1*)	Normal-Typ	Normal-Typ (*26*) Embryosack 8-kernig (*4*)
11. Integumenttapetum	vorhanden (*15*) fehlend (*1*)	vorhanden	vorhanden (*39*) fehlend (*2*)
12. Endosperm	zellulär (*12*)	zellulär	zellulär (*51*)
13. Haustorien	mikropylares + chalazales Endospermhaustorium (*9*) mikropylares Endospermhaustorium (*4*) Antipodenhaustorium (*1*)	mikropylares + chalazales Endospermhaustorium	mikropylares + chalazales Endospermhaustorium (*45*) mikropylares Endospermhaustorium (*4*) chalazales Endospermhaustorium (*2*) laterales Haustorium (*1*) fehlend (*1*) (?)
14. Embryo-Typ	Onagraceen-Typ (*5*) Onagraceen-Typ + Solanaceen-Typ (*1*)	Onagraceen-Typ	Onagraceen-Typ (*29*) Asteraceen-Typ (*3*) Onagraceen-Typ + Asteraceen-Typ (*2*)
15. Antherentapetum	Sekretionstapetum (*15*)	Sekretionstapetum	Sekretionstapetum (*15*)
16. Pollenteilung	simultan (*11*)	simultan	simultan (*4*)
17. Zellzahl im reifen Pollen	2 (*5*) — 3 (*4*) 2 und 3 (*3*)	2 und 3	2 (*54*) — 3 (*73*)
18. Art des Pollens	Einzelpollen (*22*)	Einzelpollen	Einzelpollen (*10*)
19. Fruchtform	Steinfrucht kapselartig	Steinfrüchte	Klausen

(Fortsetzung)

Solanineae			
Nolanaceae (2)	*Solanaceen* (85)	*Duckeodendraceae* (1)	*Buddleiaceae* (19)
heterochlamydeisch ☿	heterochlamydeisch ☿	heterochlamydeisch ☿	heterochlamydeisch ☿
oberständig	oberständig	oberständig	oberständig
synkarp 5-karpellig zentralwinkelständig	synkarp 2-karpellig zentralwinkelständig	synkarp 2-karpellig zentralwinkelständig	synkarp, parakarp 2-karpellig zentralwinkelständig
∞	∞	2	∞
hemitrop + campylotrop (*1*)	anatrop (*2*) anatrop+hemitrop (*2*) anatrop+amphitrop (*2*) anatrop+campylotrop (*24*)	anatrop	anatrop (*1*) amphitrop (*1*)
unitegmisch (*1*)	unitegmisch (*29*)	?	unitegmisch (*2*)
tenuinuzellat (*1*)	tenuinuzellat (*15*)	?	tenuinuzellat (*2*)
fehlend (*1*)	fehlend (*15*)	?	fehlend (*2*)
Normal-Typ (*1*)	Normal-Typ (*14*) *Allium*-Typ (*1*) *Adoxa*-Typ (*1*) Embryosack 8-kernig (*1*)	?	Normal-Typ (*2*)
vorhanden (*1*)	vorhanden (*24*)	?	vorhanden (*2*)
zellulär (*1*)	zellulär (*14*), intermediär (*1*), nukleär (*6*)	?	zellulär (*2*)
fehlend (*1*)	fehlend (*12*) chalazales Endospermhaustorium (*1*)	?	mikropylares + chalazales Endospermhaustorium (*2*)
?	Onagraceen-Typ (*1*) Solanaceen-Typ (*14*) Chenopodiaceen-Typ + irregulär (*1*)	?	Onagraceen-Typ (*1*)
Sekretionstapetum (*1*)	Sekretionstapetum (*15*) Periplasmodialtapetum (*1*)	?	?
simultan (*1*)	simultan (*7*)	?	?
2 (*1*)	2 (*12*) — 3 (*1*)	?	2 (*1*)
Einzelpollen (*2*)	Einzelpollen (*27*) Tetradenpollen (*3*)	?	Einzelpollen (*4*)
Klausen	Kapsel, Beere	Steinfrucht	Steinfrucht, Kapsel Beere

Tabelle 5

	Solanineae		
	Scrophulariaceae (200)	*Globulariceae* (2)	*Bignoniaceae* (120)
1. Ausbildung der Blütenhülle Geschlechtsverteilung	heterochlamydeisch ♀	heterochlamydeisch ♀	heterochlamydeisch ♀
2. Stellung des Gynoeceums	oberständig	oberständig	oberständig
3. Bau des Gynoeceums	synkarp → parakarp synkarp 2-karpellig	1-fächrig, pseudomonomer 2-karpellig	synkarp 2-karpellig
4. Plazentation	zentralwinkelständig	zentralwinkelständig	zentralwinkelständig zentralwinkelständig → parietal
5. Anzahl der Samen	∞, 4	1	∞
6. Bau der Samenanlage	anatrop (*53*) hemitrop (*10*) amphitrop (*4*) campylotrop (*11*)	anatrop (*1*)	anatrop (*9*) anatrop + hemitrop (*3*)
7. Zahl der Integumente	unitegmisch (*63*)	unitegmisch (*1*)	unitegmisch (*11*)
8. Bau des Nuzellus	tenuinuzellat (*49*)	tenuinuzellat (*1*)	tenuinuzellat (*11*)
9. Deckzelle(n)	fehlend (*47*)	fehlend (*1*)	fehlend (*12*)
10. Embryosackentwicklung	Normal-Typ (*45*) Embryosack 8-kernig (*3*)	Normal-Typ (*1*)	Normal-Typ (*11*)
11. Integumenttapetum	vorhanden (*60*) fehlend (*2*)	vorhanden (schwach) (*1*)	vorhanden (*6*)
12. Endosperm	zellulär (*65*)	zellulär (*1*)	zellulär (*15*)
13. Haustorien	mikropylares + chalazales Endospermhaustorium (*57*) nur chalazales Endospermhaustorium (*5*) nur mikropylares Endospermhaustorium (*2*) Suspensorhaustorium (*1*)	mikropylares + chalazales Endospermhaustorium (*1*)	mikropylares + chalazales Endospermhaustorium (*7*) chalazales Endospermhaustorium (*2*) mikropylares Endospermhaustorium (*1*)
14. Embryo-Typ	Onagraceen-Typ (*31*) Asteraceen-Typ (*1*) Solanaceen-Typ (*1*)	Onagraceen-Typ (*1*)	Onagraceen-Typ (*3*)
15. Antherentapetum	Sekretionstapetum (*7*) Periplasmodialtapetum (*1*)	?	Sekretionstapetum (*4*)
16. Pollenteilung	simultan (*10*)	?	simultan (*2*)
17. Zellzahl im reifen Pollen	2 (*17*) 3 (*2*)	2 (*1*)	2 (*1*)
18. Art des Pollens	Einzelpollen (*36*)	Einzelpollen (*1*)	Einzelpollen (*10*) Tetradenpollen (*7*)
19. Fruchtform	Kapsel, Beere	Nuß	Kapsel, fleischig

(Fortsetzung)

Henriqueziaceae (2)	*Acanthaceae* (250)	*Pedaliaceae* (16)	*Marthyniaceae* (5)
hetero-chlamydeisch ☿	heterochlamydeisch ☿	heterochlamydeisch ☿	heterochlamydeisch ☿
oberständig, fast halboberständig	oberständig	oberständig unterständig	oberständig
synkarp 2-karpellig	synkarp 2-karpellig	synkarp 2-karpellig	parakarp 2-karpellig
zentralwinkel-ständig	zentralwinkelständig parietal	zentralwinkelständig	parietal
4/Fach 2/Fach	4, ∞	2, ∞	wenige, ∞
?	anatrop *(9)* hemitrop *(3)* amphitrop *(1)* campylotrop *(6)*	anatrop *(2)*	anatrop *(2)*
?	unitegmisch *(28)*	unitegmisch *(4)*	unitegmisch *(2)*
?	tenuinuzellat *(21)*	tenuinuzellat *(4)*	tenuinuzellat *(2)*
?	fehlend *(8)*	fehlend *(3)*	fehlend *(2)*
?	Normal-Typ *(8)* Embryosack 8-kernig *(2)*	Normal-Typ *(3)*	Normal-Typ *(2)*
?	vorhanden *(3)* fehlend *(3)*	vorhanden *(3)*	vorhanden *(2)*
?	zellulär *(27)* nukleär *(1)* (?)	zellulär *(4)*	zellulär *(2)*
?	chalazales und mikro-pylares Endosperm-haustorium *(30)* mikropylares Endo-spermhaustorium *(3)* Suspensorhaustorium *(2)*	mikropylares und chalazales Endo-spermhaustorium *(3)* chalazales + schwa-ches mikropylares Endo-spermhaustorium *(2)*	mikropylares + chalazales Endo-spermhaustorium *(2)*
?	Onagraceen-Typ *(3)* Solanaceen-Typ *(4)*	Onagraceen-Typ *(2)*	Onagraceen-Typ *(1)*
?	Sekretionstapetum *(12)*	Sekretions-tapetum *(1)*	?
?	simultan *(7)*	simultan *(1)*	?
?	2 *(5)*	3 *(1)* 2 *(1)*	3 *(1)*
Einzelpollen *(2)*	Einzelpollen *(19)*	Einzelpollen *(7)* Tetradenpollen *(2)*	Einzelpollen *(2)*
Kapsel	Kapsel	Kapsel	Kapsel

Tabelle 5

	Solanineae		
	Gesneriaceae (140)	*Columelliaceae* (1)	*Orobanchaceae* (13)
1. Ausbildung der Blütenhülle Geschlechtsverteilung	heterochlamydeisch ⚥	heterochlamydeisch ⚥	heterochlamydeisch ⚥
2. Stellung des Gynoeceums	oberständig unterständig	unterständig	oberständig
3. Bau des Gynoeceums	parakarp 2-karpellig	synkarp, parakarp 2-karpellig	parakarp (3-)2-karpellig
4. Plazentation	parietal	zentralwinkelständig, parietal	parietal
5. Anzahl der Samen	∞	∞	∞
6. Bau der Samenanlage	anatrop (*13*)	anatrop	anatrop (*7*) hemitrop (*1*)
7. Zahl der Integumente	unitegmisch (*13*)	?	unitegmisch (*7*)
8. Bau des Nuzellus	tenuinuzellat (*10*)	?	tenuinuzellat (*5*)
9. Deckzelle(n)	fehlend (*6*)	?	fehlend (*4*)
10. Embryosackentwicklung	Normal-Typ (*8*) Embryosack 8-kernig (*1*)	?	Normal-Typ (*5*) Embryosack 8-kernig (*1*)
11. Integumenttapetum	vorhanden (*10*)	?	vorhanden (*7*)
12. Endosperm	zellulär (*13*)	?	zellulär (*7*)
13. Haustorien	mikropylares + chalazales Endospermhaustorium (*11*) nur chalazales oder mikropylares Endospermhaustorium (*1*) Suspensorhaustorium (?) (*2*)	?	mikropylares + chalazales Endospermhaustorium (*6*)
14. Embryo-Typ	Onagraceen-Typ (*6*)	?	Onagraceen-Typ (*3*) Caryophyllaceen-Typ (*3*)
15. Antherentapetum	Sekretionstapetum (*3*)	?	Sekretionstapetum) falsches Periplasmodialtapetum (*1*)
16. Pollenteilung	simultan (*2*)	?	simultan (*4*)
17. Zellzahl im reifen Pollen	2 (*4*)	?	2 (*5*)
18. Art des Pollens	Einzelpollen (*6*)	Einzelpollen	Einzelpollen (*5*)
19. Fruchtform	Kapsel, Beere	Kapsel	Kapsel

(Fortsetzung)

	Myroporineae	Phrymineae	Plantaginales
Lentibulariaceae (5)	*Myroporaceae* (5)	*Phrymaceae* (1)	*Plantaginaceae* (3)
heterochlamydeisch ♀	heterochlamydeisch ♀	heterochlamydeisch ♀	heterochlamydeisch ♀; monözisch
oberständig	oberständig	oberständig	oberständig
einräumig 2-karpellig	synkarp 2-karpellig	pseudomonomer 2-karpellig	synkarp 2-karpellig
freie Zentralplazenta	zentralwinkel-ständig	basilär	zentralwinkelständig
∞, 2	8 3	1	2 bis mehrere
anatrop (*3*) anatrop → campylo-trop (*1*)	anatrop (*2*) hemitrop (*1*)	orthotrop	anatrop (*2*)
unitegmisch (*4*)	unitegmisch (*3*)	unitegmisch	unitegmisch (*2*)
tenuinuzellat (*4*)	tenuinuzellat (*3*)	tenuinuzellat	tenuinuzellat (*2*)
fehlend (*3*)	fehlend (*3*)	fehlend	fehlend (*2*)
Normal-Typ (*4*)	Normal-Typ (*1*) *Adoxa*-Typ (*1*)	Normal-Typ	Normal-Typ (*2*)
vorhanden (*4*)	vorhanden (*3*)	vorhanden (schwach)	vorhanden (*2*)
zellulär (*4*)	zellulär (*3*)	zellulär	zellulär (*2*)
mikropylares + chalazales Endo-spermhaustorium (*4*) Embryosack-haustorium (*1*)	mikropylares + chalazales Endo-spermhaustorium (*3*)	chalazales Endo-spermhaustorium	mikropylares + chalazales Endo-spermhaustorium (*2*)
Onagraceen-Typ (*1*) Chenopodiaceen-Typ (*1*) Onagraceen-Typ + Chenopodiaceen-Typ (*1*)	Onagraceen-Typ (*2*) Solanaceen-Typ (?) (*1*)	Onagraceen-Typ	Onagraceen-Typ (*2*)
Sekretionstapetum (*2*)	Sekretions-tapetum (*1*)	?	Sekretionstapetum (*1*)
simultan (*2*)	simultan (*1*)	?	simultan (*1*)
2 (*2*) 3 (*1*)	2 (*1*)	?	2 + 3 (*1*)
Einzelpollen (*4*)	Einzelpollen (*4*)	Einzelpollen	Einzelpollen (*2*)
Kapsel	Steinfrüchte	Nuß	Nuß, Kapsel

entsteht zunächst eine Reihe von 4 oder 8 serial übereinanderliegenden Zellen. Die beiden terminalen Abschnitte werden haustoriell. Die Haustorien besitzen aber keine bestimmte Gliederung
und bestehen meist aus einem wenig differenzierten Zellkomplex.
Die *Ericales* weisen also eine viel geringere Spezialisierung und
Determinierung ihrer einzelnen Endospermabschnitte auf als die
Tubifloren-Familien und *Hydrostachys*. Die charakteristischen Gesetzmäßigkeiten, wie bei den letzteren, fehlen den *Ericales*. Auf
Grund des Endospermbaues ist *Hydrostachys* also mehr dem Verwandtschaftskreis der Tubifloren, im besonderen der Personaten,
zuzuzählen als den *Ericales*. Denn die Gleichartigkeit der spezifi-
schen Endospermentwicklung dürfte schwerer wiegen als das Vorkommen von Tetradenpollen. Überdies gibt es Tetradenpollen vereinzelt auch bei den Tubifloren, nämlich bei Solanaceen, Bignoniaceen und Pedaliaceen (Tabelle 5).

Die Pollenmorphologie vermag keinen wesentlichen Beitrag zur
Klärung möglicher systematischer Beziehungen der Hydrostachyaceen zu den Tubifloren zu geben. Im Gegensatz zu *Hydrostachys*
haben die Tubifloren Pollen mit allgemein gut ausgebildeten Aperturen (meist colpater, colporater, colporoidater Pollen [ERDTMAN,
1952]). Aperturenloser Pollen ist häufig bei Wasserpflanzen, wie
beispielsweise bei den Ceratophyllaceen (S. 77) und einigen (zu den
Verbenineae gehörenden) Callitrichaceen (ERDTMAN, 1952) anzutreffen. Ansonsten kann durch die Pollenmorphologie die Existenz
systematischer Beziehungen zwischen den Tubifloren und *Hydrostachys* nicht gestützt, aber auch nicht widerlegt werden.

Tetradenpollen gibt es ebenfalls bei vielen *Gentianales* (= *Con-
tortae*). Außerdem gleichen die meisten der oben genannten Sympetalen-Merkmale denen der *Gentianales* und *Hydrostachys*. Eine
wesentliche Abweichung stellt aber das nukleäre Endosperm dar,
das nie Haustorien ausbildet.

Hinsichtlich der Gametophytenentwicklung und Endospermbildung besitzen also die Tubifloren die meisten
Ähnlichkeiten mit *Hydrostachys*.

Zwischen den Tubifloren und den Hydrostachyaceen bestehen
weitere Gemeinsamkeiten: Das Pistill der Tubifloren ist wie bei
Hydrostachys zweikarpellig und teilweise parakarp mit parietaler
Plazentation (vgl. Tabelle 5; s. HARTL, 1956; TIAGI, 1962; GUÉDÈS,
1964, 1965). Allerdings ist die Stellung der beiden Karpelle bei
weitaus der Mehrzahl nicht transversal wie bei *Hydrostachys*, son-

dern median. Einzelne Gattungen aus verschiedenen Familien zeichnen sich jedoch auch durch transversale Karpellstellung aus. Bei den Personaten herrschen außerdem Kapselfrüchte mit zahlreichen Samen vor (Tabelle 5).

Eine gemeinsame Eigentümlichkeit vieler Personaten und *Hydrostachys* ist die Anakrostylie (*Solanaceae, Scrophulariaceae, Lamiaceae, Callitrichaceae, Verbenaceae, Boraginaceae, Convolvulaceae*) und in Verbindung damit die Entstehung eines Apikalseptums (HARTL, 1962 [vgl. Tabelle 5]). Anakrostylie bzw. basistyle Pistille sind geradezu ein Organisationsmerkmal einiger Tubifloren-Familien, und das Apikalseptum wurde außerhalb dieser Reihe bisher nur bei einigen Ericaceen und Myrtaceen gefunden (HARTL, 1962). Deshalb dürfte die Ausbildung anakrostyler Stylodien und zweier Scheitelwandhälften — wie bei *Cuscuta* — bei *Hydrostachys* nicht zufällig sein. Vielmehr wird hierdurch ein weiterer Hinweis auf die typologische Übereinstimmung und systematischer Verwandtschaft der Hydrostachyaceen mit diesen Familien gegeben.

Ein weiteres Kriterium für verwandtschaftliche Beziehungen ist in dem ausschließlich polytelen Synfloreszenzbau von *Hydrostachys* und der Scrophulariaceen, Gesneriaceen, Orobanchaceen, Lentibulariaceen und auch der Lamiaceen (TROLL, 1964; S. 177) zu sehen. Allerdings weisen andere Tubifloren-Familien wie die Solanaceen, Boraginaceen und Hydrophyllaceen durchwegs monotele Synfloreszenzen auf.

Durch diese Merkmale ist die Anzahl der für einen systematischen Anschluß der Hydrostachyaceen in Frage kommenden Familien immer mehr vermindert und auf die Tubifloren, speziell auf die Scrophulariaceen und ihnen nahestehende Familien eingeengt worden.

Zusammenfassend sind folgende für *Hydrostachys* kennzeichnende, systematisch verwertbare Merkmale anzuführen:

1. Gehäuftes Auftreten des *Stachys*-Typs der Endospermentwicklung bei den Scrophulariaceen, außerdem auch bei Bignoniaceen, Acanthaceen, Gesneriaceen, Orobanchaceen, Lentibulariaceen und Lamiaceen und Verbenaceen.

2. „Sympetalen-Typ" der Samenanlage und gleichartige Entwicklung des Endosperms und des weiblichen und männlichen Gametophyten in beiden Gruppen.

3. Tetradenpollen bei den Solanaceen, Bignoniaceen und Pedaliaceen.

4. Zweikarpelliges Pistill, parakarp mit parietaler Plazentation. Von besonderer Bedeutung ist die Anakrostylie bei vielen dieser Familien und das Auftreten eines Apikalseptums bei Scrophulariaceen, Solanaceen, Verbenaceen, Boraginaceen und Convolvulaceen; Kapselfrüchte mit zahlreichen Samen.

5. Polyteler Synfloreszenzbau bei allen Scrophulariaceen, Gesneriaceen, Orobanchaceen und Lentibulariaceen.

Diese embryologischen, blüten- und infloreszenzmorphologischen Merkmale machen die Annahme verwandtschaftlicher Beziehungen der Hydrostachyaceen zu den Scrophulariaceen und einigen benachbarten Familien unseres Erachtens nicht nur möglich, sondern auch wahrscheinlich. Ein Anschluß der Hydrostachyaceen an die Tubifloren würde sogar gewisse embryologische Ähnlichkeiten, die zwischen *Hydrostachys* und den Crassulaceen bestehen, erklären. Manche Autoren (BUSCH, 1944 zit. nach SÓO, 1953; GROSSHEIM, 1945; NOVÁK, 1954) nehmen eine direkte Abstammung der Tubifloren von den *Rosales* an. In diesem Zusammenhang haben die *Saxifragineae* innerhalb dieser Reihe einerseits durch die Variabilität der einzelnen Merkmale, andererseits durch einige Gattungen bzw. Familien, die blütenmorphologisch und embryologisch „Sympetalen-Merkmale" aufweisen, eine Vermittlerstellung inne. Die gleiche Auffassung vertritt auch GÄUMANN, der über die *Saxifragineae* schreibt (1919, S. 285): „Dieser Reihe kommt ja innerhalb des Phanerogamensystems eine außerordentlich große Bedeutung zu, indem ihre einfachsten Vertreter den *Polycarpicae* nahestehen, ihre abschließenden Formen aber in die Sympetalen hineinreichen." Die Entwicklungsweise des Endosperms verläuft in beiden Gruppen ähnlich und stellt ein weiteres Kriterium für diese Annahme dar. Bereits bei den Crassulaceen ist die Tendenz zur Gliederung des Endosperms in Verbindung mit Haustorienbildung vorhanden. Sie hat sich bei den Tubifloren dann weiter entwickelt und wird dort vorherrschend und zu einem ausgesprochenen Organisationsmerkmal. Die Ähnlichkeiten in der Endospermentwicklung zwischen *Hydrostachys* und den Crassulaceen sind darum nicht erstaunlich.

Auf Grund von fünf Merkmalen embryologischer und blütenmorphologischer Natur wird somit ein Anschluß der Hydrostachyaceen an die *Tubiflorae* vorgeschlagen und zur Diskussion gestellt. Ob die Hydrostachyaceen als eigene Reihe *Hydrostachyales* den Tubifloren anzuschließen oder als Familie den *Solanineae* einzuordnen ist, kann auf Grund der vorliegenden Ergebnisse noch nicht mit Sicherheit entschieden werden. Es ist wünschenswert, weitere systematisch brauchbare Ergebnisse auf Grund anatomischer und vergleichend-phytochemischer Untersuchungen, vorwiegend der vegetativen Organe, zu finden und zu berücksichtigen.

X. Zusammenfassung

Von der rund 25 Arten umfassenden monogenerischen Familie der *Hydrostachyaceae* wurden 8 Arten aus Madagaskar (*H. goudotiana*, *H. distichophylla*, *H. imbricata*, *H. longipoda*, *H. stolonifera*, *H. verruculosa*, *H. hildebrandtii* und *H. longifida*) auf den Bau ihrer Infloreszenzen, der Morphologie und Anatomie der Blüten und ihrer Embryologie untersucht.

1. Die Hydrostachyen sind hapaxanthe Ganzrosettenpflanzen, die ihr vegetatives Wachstum mit der Ausbildung einer polytelen Synfloreszenz abschließen. Diese besteht aus einer ährigen Hauptfloreszenz und weiteren in den Achseln der Rosettenblätter stehenden Bereicherungstrieben, Parakladien 1. Ordnung, die ihrerseits Parakladien 2. und höherer Ordnung hervorbringen können. Insgesamt resultiert eine polytele Synfloreszenz. Nach der Fruchtreife sterben die zur Blüte gelangten Pflanzen ab.

Die Blütenähren tragen stark vereinfachte, dikline und diözisch verteilte Blüten in schraubiger Anordnung.

Die männliche Blüte besteht aus einem einzigen extrorsen ventrifixen Staubblatt, dessen Anthere bis zum Grunde in die beiden Theken gespalten ist; die weibliche Blüte enthält nur ein zweikarpelliges, parakarpes, dorsiventrales Pistill, dessen parietale Plazenten zahlreiche winzige Samen tragen. Der apikale Abschnitt des Pistills ist apokarp und trägt zwei freie, anakrostyle, unifaziale Stylodien.

2. Die zahlreichen anatropen Samenanlagen sind unitegmisch, tenuinuzellat mit kurzem Nuzellus und langer Chalaza. Es wird nur eine einzige syndermale Archesporzelle ausgebildet, die im Verlauf der Meiose eine seriale Tetrade formiert. Aus der basalen Tetradenzelle geht der monosporische Embryosack hervor, der sich nach dem *Polygonum*-Typ (Normal-Typ) entwickelt und Stärke speichert. Die Befruchtung erfolgt porogam. Das *ab initio* zelluläre Endosperm ist in drei übereinanderliegende Abschnitte gegliedert: Die nach der ersten Teilung des sekundären Embryosackkerns, einer

Querteilung, entstandene primäre chalazale Zelle teilt sich nicht
mehr, bleibt einkernig und wird zu einer halbkugeligen Basalzelle.
Dagegen scheidet die primäre mikropylare Zelle durch eine Querteilung eine sekundäre mikropylare Zelle ab. Diese entwickelt sich
zu einem Endospermhaustorium. Aus der mittleren Zelle geht das
eigentliche zelluläre Endosperm hervor. Die Endospermentwicklung
stellt somit eine Variante des *Stachys*-Typs dar. Das Endosperm
zerstört Nuzellus und das Chalaza-Gewebe bis auf wenige Zellschichten, ist aber transitorisch und wird vom Embryo wieder aufgebraucht. Dieser entwickelt sich nach der *Capsella*-Variante des
Onagraceen-Typs und besitzt, entgegen den Angaben aus der Literatur, kein Suspensorhaustorium.

Über die bislang völlig unbekannte männliche Embryologie
liegen nunmehr folgende Beobachtungen vor: Aus der primären
Archesporzellschicht entstehen durch eine tangentiale Teilung einerseits die, einen vielzelligen Strang von Pollenmutterzellen liefernden
sekundären Archesporzellen, andererseits die parietale Zellschicht,
aus der sich durch zwei perikline, zentrifugal und zentripetal erfolgende, Teilungsschritte vier Wandzellschichten bilden. Die in-
nerste wird zum einschichtigen zweikernigen Sekretionstapetum.
Die Pollenteilung erfolgt simultan: Die Mikrosporen bleiben zu
Tetraden vereinigt. Die Pollenentwicklung verläuft nach dem *Triglochin*-Typ; der reife Pollen ist zweizellig, mit aperturenloser Wand.

3. Auf Grund aller Befunde ist *Hydrostachys* eine stark abgeleitete Gattung mit einer geringen Anzahl ursprünglicher Merkmale;
einige von ihnen sind in anatomischer oder funktioneller Korrelation
mit abgeleiteten Bildungsweisen zu Merkmalskomplexen zusammen-
getreten, wodurch in einigen Fällen eine ursächliche Erklärung der
bei *Hydrostachys* vorhandenen Heterobathmie möglich ist.

Die Mehrzahl der abgeleiteten Merkmale sind Adaptationserscheinungen an die besonderen ökologischen Bedingungen des
Wasserlebens und des Wechsels von submerser zu emerser Lebensweise. Innerhalb der Anpassungsmerkmale befinden sich die meisten
Bildungsweisen mit regressiver Spezialisierungstendenz, während
für die „reinen" Organisationsmerkmale vorzugsweise progressive
Spezialisierung kennzeichnend ist. *Hydrostachys* hat durch die Anpassung an die konkurrenzarmen ökologischen Standorte zahlreiche
Vereinfachungen erfahren. Außerdem fehlen innerhalb der Gattung
jegliche Entwicklungstendenzen in der floralen Region. Deshalb
kann man die Hydrostachyaceen als eine erstarrte taxonomische

Gruppe betrachten und mit Grossheim den Opistanthophyta zurechnen.

4. Ein Vergleich des 32 Punkte umfassenden blütenmorphologischen und „embryologischen Diagramms" der Hydrostachyaceen und der vielfach mit ihnen in Beziehung gebrachten Podostemaceen ergibt, daß die Annahme naher Verwandtschaft zwischen beiden Familien nicht gerechtfertigt ist. Eine Elimination der Hydrostachyaceen aus der Reihe *Podostemales* (soweit sie nicht bereits als eigene Reihe *Hydrostachyales* geführt werden) ist deshalb notwendig.

5. Eine kritische Analyse der in der Literatur vertretenen Ansichten über die systematische Stellung der Hydrostachyaceen erbrachte folgende Ergebnisse:

a) Verwandtschaftliche Beziehungen zu den *Piperales* sind nicht festzustellen.

b) Von den mit *Hydrostachys* in Zusammenhang gebrachten Familien primitiver Ordnungen, wie Anonaceen, Magnoliaceen, Aristolochiaceen, Rafflesiaceen, Monimiaceen, Myrothamnaceen, Ceratophyllaceen zeigen nur die Myrothamnaceen und Ceratophyllaceen Gemeinsamkeiten mit *Hydrostachys*. Die Frage, ob es sich um mögliche verwandtschaftliche Beziehungen oder analoge Konvergenzerscheinungen handelt, kann derzeit nicht eindeutig beantwortet werden.

c) Inwieweit systematische Beziehungen zu den *Sarraceniales* bestehen, kann mit Hilfe der embryologischen Befunde allein nicht entschieden werden.

d) Verwandtschaftliche Beziehungen zu den Umbellifloren sind unwahrscheinlich.

e) Mit den Crassulaceen und anderen Familien der *Saxifragineae* verbinden die Hydrostachyaceen gemeinsame Baueigentümlichkeiten, wie ähnliche Endospermentwicklung, so daß verwandtschaftliche Beziehungen möglich sind.

Somit halten die in der Literatur vertretenen Vorschläge zum Teil einer Prüfung an Hand der embryologischen Befunde nicht stand, zum Teil konnten keine eindeutigen Ergebnisse erzielt werden. Deshalb war es nötig, in anderen Verwandtschaftskreisen nach typischen Ähnlichkeiten mit *Hydrostachys* zu suchen.

Die meisten blüten-, infloreszenzmorphologischen und embryologischen Gemeinsamkeiten besitzt *Hydrostachys* mit vielen Familien der Tubiflorae, besonders der *Solanineae* (= *Personatae*), unter ihnen vor allem den *Scrophulariaceae*, und den Plantaginales. Bezeichnenderweise sind beiden Gruppen spezifische Merkmale von teilweise hohem systematischem Wert eigen:

a) Gleiche Genese des Endosperms.

b) Gleichartiger Bau der Samenanlage.

c) Übereinstimmende Morphologie des Gynoeceums.

d) Anakrostylie und Apikalseptum.

e) Polyteler Synfloreszenzbau.

f) Tetradenpollen.

Es wird deshalb zur Diskussion gestellt, die Hydrostachyaceen entweder in die Unterreihe *Solanineae* in die Nähe der Scrophulariaceen einzuordnen oder sie als eigene Reihe *Hydrostachyales* den Tubifloren und *Plantaginales* anzuschließen.

6. Eine Sichtung der zahlreichen Endospermtypen der *Tubiflorae* ergab:

a) Die einzelnen Formen des *Stachys*-Typs konnten zueinander in merkmalsphylogenetische Beziehung gesetzt werden.

b) Der *Stachys*-Typ wurde als intermediäre Form zwischen dem primitiveren Ericaceen-Typ und dem *Scutellaria*-Typ gedeutet.

XI. Literatur

[*1*] Banerji, J.: The endosperm in *Scrophulariaceae*. J. Indian Bot. Soc. **40**, 1—11 (1961).

[*2*] Baum, H.: Ontogenetische Beobachtungen an einkarpelligen Griffeln und Griffelenden. Österr. bot. Z. **95**, 362—372 (1948).

[*3*] — Die Verbreitung der postgenitalen Verwachsung im Gynözeum und ihre Bedeutung für die typologische Betrachtung des coenocarpen Gynözeums. Österr. bot. Z. **95**, 124—128 (1949).

[*4*] —, u. W. Leinfellner: Die ontogenetischen Abänderungen des diplophyllen Grundbaues der Staubblätter. Österr. bot. Z. **100**, 91—315 (1953).

[*5*] Benson: Plant Classification. Boston 1957.

[*6*] Carano, E.: Embriologia delle Podostemacee. Annali di Bot. (Roma) **12**, 163—164 (1914).

[*7*] Carniel, K.: Das Antherentapetum. Ein kritischer Überblick. Österr. bot. Z. **110**, 145—176 (1963).

[*8*] Chiarugi, A.: Lo svilupo del Gametofito femineo della *Weddellina squamulosa* Tul. (*Podostemonaceae*). Rend. comp. R. Accad. naz. dei Lincei **17**, Ser. 6, 1° sem. fasc. 12, 1095—1100 (1953).

[*9*] Crété, P.: Embryogénie des Crassulacées. Développement de l'albumen et formation des haustoriums chez le *Cotyledon umbilicus* L. C.R. Acad. Sci. (Paris) **222**, 1454—1455 (1946).

[*10*] Cronquist, A.: Outline of a new system of families and orders of dicotyledons. Bull. Jard. Bot. de l'Etat Bruxelles **27**, 13—40 (1957).

[*11*] DAHLGREN, K. V. O.: Über das Vorkommen von Stärke im Embryosack der Angiospermen. Ber. dtsch. Bot. Ges. **45**, 374—384 (1927).

[*12*] — Die Morphologie des Nuzellus mit besonderer Berücksichtigung der deckzellosen Typen. Jb. wiss. Bot. **67**, 347—426 (1928).

[*13*] — Zur Embryologie der *Saxifragoiden*. Svensk Bot. Tidskr. **24**, 429—448 (1930).

[*14*] ECKARDT, T.: Die natürliche Verwandtschaft bei den Blütenpflanzen. Umschau 496—502 (1964).

[*15*] EMBERGER, L.: Traité de Botanique. Paris 1960.

[*16*] ENGLER, A.: *Saururaceae, Piperaceae, Chloranthaceae, Lacistemaceae* in ENGLER & PRANTL, Die Natürlichen Pflanzenfamilien **III**, 1 (1894).

[*17*] — *Hydrostachyaceae africanae*. Bot. Jb. **20**, 136 (1895).

[*18*] — Beiträge zur Flora von Afrika XX: Berichte über die botanischen Ergebnisse der Nyassa-See- und Kinga-Gebirgs-Expedition der Hermann-Wentzel-Stiftung. III. Die von W. GOETZE und Dr. STUHLMANN im Uruguru-Gebirge, sowie die von W. GOETZE in der Kisaki- und Khutu-Steppe und in Uhehe gesammelten Pflanzen. Engl. Bot. Jb. **28**, 391 (1901).

[*19*] — Syllabus der Pflanzenfamilien. 3. Aufl. Berlin 1903.

[*20*] — *Podostemonaceae africanae* IV nebst Bemerkungen über die Stellung der Familie im System. Engl. Bot. Jb. **60**, 451—467 (1926).

[*21*] — *Podostemonaceae* in ENGLER & PRANTL, Die Natürlichen Pflanzenfamilien **18**a, 3—68 (1930).

[*22*] —, u. L. DIELS: Syllabus der Pflanzenfamilien, 11. Aufl. Berlin 1936.

[*23*] — Syllabus der Pflanzenfamilien II. 12. Aufl. Berlin 1964.

[*24*] ERDTMAN, G.: Pollenmorphology and Plant Taxonomy. V. On the occurrence of Tetrads and Dyads. Svensk Bot. Tidskr. **39**, 286—297 (1945).

[*25*] — Pollenmorphology and Plant Taxonomy. Angiosperms. Stockholm 1952.

[*26*] — Pollen walls and Angiosperms Phylogeny. Bot. Not. **113**, 41—45 (1960).

[*27*] ESAU, K.: Plant Anatomy. New York and London 1953.

[*28*] FEDORTSCHUK, W.: Embryologische Untersuchungen von *Cuscuta monogyna* VAHL. und *Cuscuta epithymum* L. Planta **14**, 94—111 (1931).

[*29*] GARDNER, G.: Observations in the structure and affinities of the plants belonging to the natural order *Podostemonaceae*. Flora **33** (N.R. 8), 33—41 (1850).

[*30*] GÄUMANN, E.: Studien über die Entwicklungsgeschichte einiger *Saxifragales*. Recu. Trav. Bot. Néerl. **16**, 285—322 (1919).

[*31*] GEITLER, L.: Beobachtungen über die erste Teilung im Pollenkorn der Angiospermen. Planta **24**, 361—386 (1935).

[*32*] GESSNER, F.: Hydrobotanik I und II. Berlin 1955 und 1959.

[*33*] —, u. L. HAMMER: Ökologisch-physiologische Untersuchungen an den Podostemaceen des Caroni. Int. Rev. Ges. Hydrobiol. **47**, 497—514 (1962).

[*34*] GLIŠIĆ, L. M.: Ein Versuch zur Verwertung der Endospermmerkmale für typologische und embryologische Zwecke innerhalb der Scrophulariaceen. Bull. Inst. Jard. Bot. Univ. de Beograd **4**, 42—73 (1937).

[*35*] GLÜCK, H.: Biologische und morphologische Untersuchungen über Wasser- und Sumpfgewächse, 1—4. 1905—1924.

[*36*] Goebel, K.: Grundzüge der Systematik und Speziellen Pflanze morphologie. Leipzig 1882.

[*37*] — Pflanzenbiologische Schilderungen I. 1889.

[*38*] — Pflanzenbiologische Schilderungen II. 1893.

[*39*] — Organographie der Pflanzen. 1889—1901.

[*40*] — Einleitung in die experimentelle Morphologie der Pflanzen. Leipzig u. Berlin 1908.

[*41*] Grossheim, A. A.: Zur Frage nach der graphischen Darstellung des Systems der Blütenpflanzen. Sov. bot. (Leningrad) **13** (3), 3—27 (1945) [Russ.]

[*42*] Gundersen: Families of Dicotyledons. Waltham, Mass. 1950.

[*43*] Hallier, H.: Über die Verwandtschaftsverhältnisse der Tubifloren und Ebenalen, den polyphyletischen Ursprung der Sympetalen und Apetalen und die Anordnung der Angiospermen überhaupt. Hamburg 1901.

[*44*] — Vorläufiger Entwurf des natürlichen (phylogenetischen) Systems der Blütenpflanzen. Bull. Herb. Boissier **2**, III, 4, 306—317 (1903).

[*45*] — Ein zweiter Entwurf des natürlichen (phylogenetischen) Systems der Blütenpflanzen. Ber. Dtsch. Bot. Ges. **23**, 85—91 (1905).

[*46*] — Über *Juliana*, eine Terebinthaceen-Gattung mit Cupula, und die wahren Stammeltern der Kätzchenblütler. Dresden 1908.

[*47*] Hammond, L. B.: Regeneration of *Podostemon ceratophyllum* Michx. Bot. Gaz. **97**, 834—845 (1935—36).

[*48*] — Development of *Podostemon ceratophyllum*. Bull. Torr. Bot. Cl. **64**, 17—36 (1937).

[*49*] Hartl, D.: Die morphologische Natur und Verbreitung des Apikalseptums. Analyse einer bisher unbekannten Gestaltungsmöglichkeit des Gynaeceums. Beitr. Biol. Pfl. **37**, 241—330 (1962).

[*50*] Haumann, L.: Notes sur le *Hydrostachys* du Congo Belge. Bull. Soc. Roy. Bot. de Belgique **78**, 55—56 (1946).

[*51*] — *Hydrostachyaceae*, *Podostemonaceae* in INEAC Flore du Congo Belge et du Ruanda-Urundi 1 Bruxelles 1948.

[*52*] Heintze, A.: Cormofyternas Fylogeni (Phylogenie der Cormophyten) Lund 1927.

[*53*] Hess, H.: Über die Familien der *Podostemonaceae* und *Hydrostachyaceae* in Angola. Ber. Schweiz. Bot. Ges. **63**, 360—383 (1953).

[*54*] Horn af Rantzien, H.: Certain aquatic plants collected by Dr. J. T. Baldwin in Liberia and the Gold Coast. Bot. Not. 368—398 (1951).

[*55*] D'Hubert, E.: Recherches sur le sac embryonnaire des plantes grasses. Ann. Sci. nat. Bot., Sér. 8, **2**, 37—128 (1896).

[*56*] Hutchinson, J.: The families of flowering plants. Vol. 1, Dicotyledons. 2. Aufl. Oxford 1959.

[*57*] Iyengar, K.: Development of embryo-sac and endospermhaustoria in some members of *Scrophularineae*. IV. *Vandellia hirsuta* Ham. and *V. scabra* Benth. J. Indian Bot. Soc. **18**, 179—189 (1939/40).

[*58*] — Development of embryo-sac and endospermhaustoria in *Tetranema mexicana* Benth. and *Verbascum thapsus* Lin. Proc. nat. Inst. Sci. India **8**, 59—69 (1942).

[*59*] Janchen, E.: Blütenpflanzen, C. Angiospermen. In: Handwörterbuch der Naturwissenschaften, 2. Aufl., Bd. 2. Jena 1933.

[*60*] Jäger, I.: Vergleichend-morphologische Untersuchungen des Gefäßbündelsystems peltater Nektar- und Kronblätter sowie verbildeter Staubblätter. Österr. bot. Z. **108**, 433—504 (1961).

[*61*] JÄGER-ZÜRN, I.: Zur Frage der systematischen Stellung der *Hydro-stachyaceae* auf Grund ihrer Embryologie, Blüten- und Infloreszenz-morphologie. Vorläufige Mitteilung. Österr. bot. Z. **112**, 621—639 (1965).

[*61a*] — Infloreszenz- und blütenmorphologische, sowie embryologische Un-tersuchungen an *Myrothamnus flabellifolia* WELW. und *M. moschata* BAILL. Beitr. Biol. Pfl. **42** (1966) (im Druck).

[*62*] JOHANSEN, D. A.: Plant Microtechnique. New York 1940.

[*63*] — Plant Embryology. Embryology of the Spermatophyta. Waltham, Mass. USA, 1950.

[*64*] JOHNSON, A. M.: Taxonomy of the flowering plants. New York and London 1931.

[*65*] JUEL, H.: Studien über die Entwicklungsgeschichte von *Hippuris vul-garis*. Nova Acta Soc. Sci. Upsaliensis IV, **2** Nr. 11 (1911).

[*66*] JUHNKE, G., u. H. WINKLER: Der Balg als Grundelement der Angio-spermengynözeen. Beitr. Biol. Pfl. **25**, 290—324 (1938).

[*67*] JUNELL, S.: Zur Gynaeceummorphologie und Systematik der Verbena-ceen und Labiaten nebst Bemerkungen über ihre Samenentwicklung. Uppsala 1934.

[*68*] KARPETSCHENKO, D. G.: The Production of polyploid gametes in hybrids. Hereditas **9**, 349—368 (1927).

[*69*] KAUSSMANN, B.: Pflanzenanatomie. Jena 1963.

[*70*] LEINFELLNER, W.: Der Bauplan des syncarpen Gynaezeums. Österr. bot. Z. **97**, 403—436 (1950).

[*71*] — Transversale Abflachung im Spitzenbereich der Karpelle. Österr. bot. Z. **99**, 455—468 (1952).

[*72*] — Die Gefäßbündelversorgung des *Lilium*-Staubblattes. Österr. bot. Z. **103**, 346—352 (1956a).

[*73*] — Inwieweit kommt der peltat-diplophylle Bau des Angiospermen-Staubblattes in dessen Leitbündelanordnung zum Ausdruck? Österr. bot. Z. **103**, 381—399 (1956b).

[*74*] LEONHARDT, R.: Phylogenetisch-systematische Betrachtungen II. Ge-danken zur systematischen Stellung bzw. Gliederung einiger Fa-milien der Choripetalen. Österr. bot. Z. **98**, 1—43 (1951).

[*75*] MAGNUS, W.: Die atypische Embryosackentwicklung der Podostemona-ceen. Flora **105**, 275—336 (1913).

[*76*] MAHESHWARI, P.: An introduction to the embryology of Angiosperms. New York 1950.

[*77*] MATTHIESEN, F.: Beitrag zur Kenntnis der Podostemonaceen. Bibl. Bot. **68**, (1908).

[*78*] MAURITZON, J.: Beitrag zur Embryologie der Crassulaceen. Bot. Not. 233—250 (1930).

[*79*] — Über die systematische Stellung der Familien *Hydrostachyaceae* und *Podostemonaceae*. Bot. Not. 1933.

[*80*] — Studien über die Embryologie der Familien *Crassulaceae* und *Saxi-fragaceae*. Diss. Lund 1933.

[*81*] — Die Bedeutung der embryologischen Forschung für das natürliche System der Pflanzen. Lunds Univ. Arsskr., N.F. Avd. 2, **35** Nr. 15 (1939).

[*82*] MEIER, K. I.: Die Evolution des männlichen Gametophyten der Angio-spermen. Bta. Mosk. obšč. inst. prir. t. **58** (5), 55—61 (1953) [Russ.].

[*83*] METCALFE, C. R., and L. CHALK: Anatomy of the Dicotyledons. I und II. Oxford 1957.

[*84*] MÖLLER, H.: *Cladopus Nymani* n. gen., n. sp., eine Podostemonacee aus Java. Ann. Jard. Bot. Buitenzorg, Ser. 2, I (XVI) 115—132 (1899).

[*85*] MUKKADA, A. I.: Some observations on the embryology of *Dicraea stylosa* WIGHT. Plant Embryology. A Symposium. Counc. Sci. & Industr. Res. New Delhi C 139—145 (1962).

[*86*] NETOLITZKY, F.: Anatomie der Angiospermensamen. Handbuch der Pflanzenanatomie, X, 3. Berlin 1926.

[*87*] NIEDENZU, F., u. A. ENGLER: *Myrothamnaceae*. In: ENGLER und PRANTL, Die Natürlichen Pflanzenfamilien **18**a, 262—265 (1930).

[*88*] NOVÁK, A.: Systém Angiosperm. Preslia **26**, 337—364 (1954).

[*89*] PALM, B.: Studien über die Konstruktionstypen und Entwicklungswege des Embryosackes der Angiospermen. Diss. Stockholm 1915.

[*90*] PANNIER, F.: Physiological responses of *Podostemonaceae* in their natural habitat. Int. Rev. Ges. Hydrobiol. **45**, 347—354 (1960).

[*91*] PERRIER DE LA BATHIE, H.: Hydrostachyacées. Flore de Madagascar et de Commores. Paris 1952.

[*92*] — Les Podostemonacées de Madagascar. Arch. Bot. **3**, 137—161 (1929).

[*93*] PERSIDSKY, D.: On the development of endosperm in *Solanaceae* I. Inst. Bot. Acad. Sci. Ukraine, Kiew **4** (12), 35—49 (1935).

[*94*] PULLE, A.: Remarks in the system of the Spermatophytes. Med. Bot. Mus. Herb. Rijks Univ. Utrecht Nr. 43 (1936—1938).

[*95*] — Compendium van de Terminologie, Nomenclatuur en Systematik der Zaadplanten. 3. Aufl. Utrecht 1952.

[*96*] PURI, V.: Placentation in Angiosperms. Bot. Rev. **18**, 603—651 (1952).

[*97*] RAZI, B. A.: Embryological studies of two members of the *Podostemonaceae*. Bot. Gaz. **111**, 211—218 (1949).

[*98*] — Some aspects of the embryology of *Zeylanidium olivaceum* (TUL.) ENGL., and *Lawia zeylanica* TUL. Bull. Bot. Soc. Bengal **9**, 36—41 (1955).

[*99*] REIMERS, H.: *Hydrostachyaceae* I. in MILBREAD: Neue und seltene Arten aus dem südlichen Ostafrika (Tanganjika-Territ.) leg. H. J. SCHLIEBEN, II. Notizbl. Bot. Gart. u. Mus. Berlin-Dahlem **11**, 662—667 (1932).

[*100*] — *Hydrostachyaceae* II. Notizbl. Bot. Gart. u. Mus. Berlin-Dahlem **12**, 83—84 (1934).

[*101*] RENDLE, A.: The classification of flowering plants II (Dicotyledons). Cambridge 1925.

[*102*] ROBINSON, J.: Die Färbereaktion der Narbe, Stigmatochromie, als morphologische Blütenuntersuchungsmethode. Sitzber. Akad.Wiss. Wien, math.-naturw. Kl. Abt. I, **133**, 181—211 (1924).

[*103*] RUDENKO, F. E.: Die Bedeutung des männlichen Gametophyten für die Systematik der Bedecktsamigen (Angiospermae). Bot. gaz. Mosk. Leningrad **44** (10), 1467—1475 (1959) [Russ.].

[*104*] RUTTNER, F.: Grundriß der Limnologie. 2. Aufl. Berlin 1952.

[*105*] SAMUELSON, G.: Studien über die Entwicklungsgeschichte einiger *Bicornes*-Typen. Ein Beitrag zur Kenntnis der systematischen Stellung der Diapensiaceen und Empetraceen. Sv. Bot. Tidskr. **7**, 97—188 (1913).

[*106*] SCHENK, H.: Die Biologie der Wassergewächse. Bonn 1886.

[*107*] SCHLOSS, H.: Zur Morphologie und Anatomie von *Hydrostachys natalensis* WEDD. Sitzber. Akad. Wiss. Wien, math.-naturw. Kl. Abt. I, **122**, 339—359 (1913).

[*108*] Schnarf, K.: Zur Entwicklungsgeschichte von *Plantago media*. Sitzber. Akad. Wiss. Wien, math.-naturw. Kl. Abt. I, **126**, 927—950 (1917a).

[*109*] — Beiträge zur Kenntnis der Samenentwicklung der Labiaten. Denkschrift. Akad. Wiss. Wien, math.-naturw. Kl. **94**, 211—274 (1917b).

[*110*] — Embryologie der Angiospermen. Handbuch der Pflanzenanatomie, II. Abt., 2. Teil. Berlin 1929.

[*111*] — Vergleichende Embryologie der Angiospermen. Berlin 1931.

[*112*] — Die Bedeutung der embryologischen Forschung für das natürliche System der Pflanzen. Biologia generalis **9**, 271—288 (1933).

[*113*] — Ziele und Wege der vergleichenden Embryologie der Blütenpflanzen. Verh. zool.-bot. Ges. Wien **86/87**, 140—147 (1936/37).

[*114*] — Studien über den Bau der Pollenkörner der Angiospermen. Planta **27**, 450—465 (1938).

[*115*] Schnell, R. et G. Cusset: Remarques sur la structure des plantules des Podostémonacées. Adansonia **3**, 358—369 (1963).

[*116*] Schürhoff, P. N.: Die Zytologie der Blütenpflanzen. Stuttgart 1926.

[*117*] Serra, J. A.: Chemistry of the nucleus. In: Ruhland, Handbuch der Pflanzenphysiologie, Bd. I, S. 413—444. Berlin-Göttingen-Heidelberg: Springer 1955.

[*118*] Shreve, F.: The development and anatomy of *Sarracenia purpurea*. Bot. Gaz. **42**, 107—126 (1906).

[*119*] Skottsberg: Växternas Liv. vol. 5. Stockholm 1940 (nicht gesehen).

[*120*] Solereder, H.: Systematische Anatomie der Dicotyledonen. Stuttgart 1899.

[*121*] Sóo, R.: Die modernen Grundsätze der Phylogenie im neuen System der Blütenpflanzen. Acta Biol. Acad. Sci. Hungariae **4**, 257—306 (1953).

[*122*] Souéges, R.: Embryogénie des Caryophyllacées. Les premiers stades du développement de l'embryon chez le *Sagina procumbens* L. C. R. Acad. Sci. (Paris) **175**, 709—711, 894—896 (1922).

[*123*] — Développement de l'embryon chez le *Sagina procumbens* L. Bull. Soc. Bot. France **71**, 590—614 (1924).

[*124*] Sporne, K. R.: A note on nuclear endosperm as a primitive character among Dicotyledons. Phytomorphology **4**, 275—278 (1954).

[*124a*] Sprague, T. A.: Podostemaceae or Podostemonaceae. Bull. Misc. Inform. Roy. Bot. Gard. Kew **1933**, 46.

[*125*] Steffen, K., u. W. Landmann: Entwicklungsgeschichtliche und cytologische Untersuchungen am Balkentapetum von *Gentiana cruciata* L. und *Impatiens glandulifera* Royle. Planta **50**, 423—460 (1958).

[*126*] Steude, H.: Beiträge zur Morphologie und Anatomie von *Mourera aspera*. Beih. Bot. Zbl. **53**, I 627—650 (1935).

[*127*] Stolt, H.: Beiträge zur Embryologie der Lentibulariaceen. Svensk Bot. Tidskr. **30**, 690—696 (1936).

[*128*] Strasburger, E.: Ein Beitrag zur Kenntnis von *Ceratophyllum submersum* und phylogenetische Erörterungen. Jb. wiss. Bot. **37**, 477—526 (1902).

[*129*] Swamy, B. G. L., and P. M. Ganapathy: On endosperm in Dicotyledons. Bot. Gaz. **119**, 47—50 (1957).

[*130*] Takhtajan, A.: Die Evolution der Angiospermen. Jena 1959.

[*131*] THATHACHAR, T.: Studies in *Gesneriaceae*. Gametogenesis and embryo-geny of *Didymocarpus tomentosa* WT. J. Indian Bot. Soc. **20**, 185—193 (1941).

[*132*] DU PETIT-THOUARS, C.: Genera novae Madagascariensia. (1806).

[*133*] TISCHLER, G., u. H. D. WULFF: Angewandte Pflanzenkaryologie. Handbuch der Pflanzenanatomie, Bd. II, 2; Erg.-Bd. Berlin 1963.

[*134*] TOBLER, F.: Beiträge zur Ökologie und Biologie brasilianischer Podo-stemaceen. Flora, N.F. **28**, 286—300 (1933).

[*135*] TRAPP, A.: Zur Morphologie und Entwicklungsgeschichte der Staub-blätter sympetaler Blüten. Bot. Studien **5** (1956).

[*136*] TROLL, W.: Vergleichende Morphologie der höheren Pflanzen I, 2. Berlin 1939.

[*137*] — Allgemeine Botanik. Stuttgart 1959.

[*138*] — *Cochliostema odoratissimum* LEM. Organisation und Lebensweise. Nebst vergleichenden Ausblicken auf andere *Commelinaceae*. Beitr. Biol. Pfl. **36**, 325—389 (1961).

[*139*] — Über die „Prolificität" von *Chlorophytum comosum*. Ein Beitrag zur Kenntnis einer Goethe-Pflanze. Neue Hefte zur Morphologie (Weimar) **4**, 9—68 (1962).

[*140*] — Die Infloreszenzen, Bd. 1. Stuttgart 1964.

[*141*] TULASNE, L.: Monographia Podostemacearum. Arch. Mus. d'Hist. Nat. **6** (1852).

[*142*] VINOGRADOV, I. S.: Compendium systematis Angiospermarum. Pro-bleme der Botanik. Moskau u. Leningrad 1958.

[*143*] WÄCHTER, W.: Beiträge zur Kenntnis einiger Wasserpflanzen (*Wed-dellina squamulosa* TUL.). Flora **83**, 367—397 (1897).

[*144*] WARMING, E.: Familien *Podostemaceae*. I. Kgl. Danske Vidensk. Selsk. Skrift., 6. R. **2**, 1—34 (1881).

[*145*] — Familien *Podostemaceae*. II. ibid. **2**, 77—130 (1882).

[*146*] — Familien *Podostemaceae*. III. ibid. **4**, 443—514 (1888).

[*147*] — Familien *Podostemaceae*. IV. ibid. **7**, 136—144 (1891a).

[*148*] — Familien *Podostemaceae*. V. ibid. **9**, 107—154 (1899).

[*149*] — Familien *Podostemaceae*. VI. ibid. **11**, 2—67 (1901).

[*150*] — Note sur le genre *Hydrostachys*. Bull. Acad. Roy. Dan. Sci. et lettres. Copenhague, Oversigt. 37—43 (1891b).

[*151*] WASSMER, A.: Vergleichend-morphologische Untersuchungen an den Blüten der Crassulaceen. Diss. Zürich 1955.

[*152*] WEDDELL, H. A.: Sur les Podostémacées en général et leur distribution géographique en particulier. Bull. Soc. Bot. France **19**, 50—56 (1872).

[*153*] WENT, F. A. F. C.: The development of the ovule, embryosac and egg in Podostemaceae. Recu. Trav. Bot. Néerl. **5**, 1—16 (1909).

[*154*] — Untersuchungen über Podostemaceen. I. Verh. k. Akad. Wetensch. Amsterdam, 2. Sect., **16**, Nr. 1 (1910).

[*155*] — Untersuchungen über Podostemaceen. II. Verh. k. Akad. Wetensch. Amsterdam, 2. Sect., **17**, Nr. 2 (1912).

[*156*] — Untersuchung über Podostemaceen. III. Verh. k. Akad. Wetensch. Amsterdam, 2. Sect., **25**, Nr. 1 (1926).

[*157*] — Die Verbreitung der Podostemonaceen in Ostasien. Recu. Trav. Bot. Néerl. **25**a, 475—482 (1928).

[*158*] — Morphological and histological pecularities of the Podostemona-ceae. Proc. Internat. Cong. Plant Sci. Ithaka **1**, 351—358 (1929).

[*159*] WETTSTEIN, R. v.: Über die Entwicklung der Samenanlagen und die Befruchtung der Podostemonaceen. Naturwiss. Rundschau **21**, 615 (1916).

[*160*] — Handbuch der Systematischen Botanik. Leipzig und Wien 1935.

[*161*] WILLIS, I. C.: Studies of the morphology and ecology of the *Podostemaceae* of Ceylon and India. Ann. Roy. Bot. Gard. Peradeniya (Ceylon) **I**, 4 257—465 (1902).

[*162*] — The evolution of the *Tristichiaceae* and *Podostemaceae*. Ann. Bot. **40**, 349—367 (1926).

[*163*] WILSON, L. C.: The phylogeny of stamens. Amer. J. Bot. **24**, 686—699 (1937).

[*164*] — The telome theory and the origin of stamens. Amer. J. Bot. **29**, 759—764 (1942).

[*165*] WULFF, H. D.: Die Entwicklung der Pollenkörner von *Triglochin palustris* L. und die verschiedenen Typen der Pollenkornentwicklung der Angiospermen. Jb. wiss. Bot. **88**, 141—168 (1939).

[*166*] WUNDERLICH, R.: Über das Antherentapetum mit besonderer Berücksichtigung seiner Kernzahl. Österr. bot. Z. **101**, 1—63 (1954).

[*167*] — Zur Frage der Phylogenie der Endospermtypen bei den Angiospermen. Österr. bot. Z. **106**, 203—293 (1959).

[*168*] ZIMMERMANN, W.: Die Phylogenie der Pflanzen. Stuttgart 1959.

Inhalt des Jahrgangs 1951:

1. A. MITTASCH. Wilhelm Ostwalds Auslösungslehre. DM 11.20.
2. F. G. HOUTERMANS. Über ein neues Verfahren zur Durchführung chemischer Altersbestimmungen nach der Blei-Methode. DM 1.80.
3. W. RAUH und H. REZNIK. Histogenetische Untersuchungen an Blüten- und Infloreszenzachsen sowie der Blütenachsen einiger Rosoideen, I. Teil. DM 10.—.
4. G. BUCHLOH. Symmetrie und Verzweigung der Lebermoose. Ein Beitrag zur Kenntnis ihrer Wuchsformen. DM 10.—.
5. L. KOESTER und H. MAIER-LEIBNITZ. Genaue Zählung von β-Strahlen mit Proportionalzählrohren. DM 2.25.
6. L. HEFFTER. Zur Begründung der Funktionentheorie. DM 2.30.
7. W. BOTHE. Die Streuung von Elektronen in schrägen Folien. DM 2.40.

Inhalt des Jahrgangs 1952:

1. W. RAUH. Vegetationsstudien im Hohen Atlas und dessen Vorland. DM 17.80.
2. E. RODENWALDT. Pest in Venedig 1575—1577. Ein Beitrag zur Frage der Infektkette bei den Pestepidemien West-Europas. DM 28.—.
3. E. NICKEL. Die petrogenetische Stellung der Tromm zwischen Bergsträßer und Böllsteiner Odenwald. DM 20.40.

Inhalt des Jahrgangs 1953/55:

1. Y. REENPÄÄ. Über die Struktur der Sinnesmannigfaltigkeit und der Reizbegriffe. DM 3.50.
2. A. SEYBOLD. Untersuchungen über den Farbwechsel von Blumenblättern, Früchten und Samenschalen. DM 13.90.
3. K. FREUDENBERG und G. SCHUHMACHER. Die Ultraviolett-Absorptionsspektren von künstlichem und natürlichem Lignin sowie von Modellverbindungen. DM 7.20.
4. W. ROELCKE. Über die Wellengleichung bei Grenzkreisgruppen erster Art. DM 24.30.

Inhalt des Jahrgangs 1956/57:

1. E. RODENWALDT. Die Gesundheitsgesetzgebung des Magistrato della sanità Venedigs 1486—1550. DM 13.—.
2. H. REZNIK. Untersuchungen über die physiologische Bedeutung der chymochromen Farbstoffe. DM 16.80.
3. G. HIERONYMI. Über den alternsbedingten Formwandel elastischer und muskulärer Arterien. DM 23.—.
4. Symposium über Probleme der Spektralphotometrie. Herausgegeben von H. KIENLE. DM 14.60.

Inhalt des Jahrgangs 1958:

1. W. RAUH. Beitrag zur Kenntnis der peruanischen Kakteenvegetation. DM 113.40.
2. W. KUHN. Erzeugung mechanischer aus chemischer Energie durch homogene sowie durch quergestreifte synthetische Fäden. DM 2.90.